KB261659

소수력 발전 기술

과학나눔연구회 **정해상** 편저

 일진사

책머리에 …

에너지란 말의 어원은 희랍어로 "일을 하는 능력"을 뜻한다고 한다. 인간은 이 일하는 능력을 온갖 기술을 구사하여 이끌어냄으로써 풍요롭고 편한 사회로 발전시켜 왔다.

한편, 20세기 초에 16억 명에 불과했던 세계 인구는 오늘날 70억 명에 육박하고 금세기 (21세기) 중반에는 80억 명에서 110억 명에 이를 것으로 예측되고 있다. 이처럼 폭발적으로 늘어나는 인구 증가로 에너지가 대량 소비되어 해마다 소비량도 엄청난 추세로 늘어나고 있다.

선진공업국에서 비화석연료로 제조되는 전력 (%, 2004년 기준)

국가	화력	수력	원자력	지열, 태양광, 풍력, 목재, 폐기물 등	비화석 연료 합계	화석연료 합계
프랑스	9.4	10.9	78.6	1.1	90.6	9.4
캐나다	25.7	58.0	14.7	1.6	74.3	25.7
독일	61.9	3.6	27.5	6.9	38.1	61.9
일본	62.2	9.2	26.4	2.2	37.8	62.2
한국	62.8	1.2	35.9	0.1	37.2	62.8
미국	71.0	6.7	19.8	2.4	29.0	71.0
영국	75.5	1.3	20.0	3.2	24.5	75.5
이탈리아	81.1	14.1	0.0	4.8	18.9	81.1

출처 : International Energy Annual 2007, World Net Electricity Generation by Type, 2004

오늘날 우리가 사용하는 에너지는 표에서 볼 수 있듯이 화석연료에 크게 의존하고 있으며, 이 화석연료는 지구 온난화의 원인이 되고 있다. 지구상에는 연간 240억 톤의 이산화탄소가 배출되고 있으며 해양과 삼림 등에 의해서 약 절반이 흡수되고 나머지 120억 톤은 대기 중에 축적된다. 축적된 이산화탄소가 온실효과 가스가 되어 지표의 평균기온을 상승시키고 있다는 사실은, 빈발하는 세계 각지의 이상기상

현상과 예상을 뛰어넘는 북극권 등의 빙하·빙상의 용해를 통해서도 실감할 수 있다.

또 화석연료 자원에는 한계가 있다. 세계의 석탄자원은 6.2조 톤으로 추정되지만 경제적으로 채취 가능한 확인 매장량은 1조 톤 가량이므로 현재의 소비량 추세로는 약 150년간 공급이 가능할 것이라는 전망이다.

전세계 석유의 확인 매장량은 1조 배럴에서 1조 2000억 배럴이고 현재 세계 석유생산량은 연간 약 4300억 배럴이므로 2006년 매장량 기준으로 계산하면 이후 약 30~40년간 공급이 가능할 것으로 추산되고 있다.

화석연료에서 벗어나는 최선의 길은 수력 발전을 이용하는 것이다. 수력 발전은 이산화탄소를 배출하지 않고 물도 오염시키지 않는다. 건설에 다소 비용이 들기는 하지만 일단 완공된 뒤에는 운용비도 다른 어떤 방식보다 경제적이다.

그러나 수력 발전에 기대려면 무엇보다 먼저 수자원의 이용 극대화가 전제되어야 한다. 세계적으로 볼 때 연간 평균 강우량이 유별나게 적은 나라도 아니건만 우리나라는 물부족 국가의 하나로 분류되고 있다. 물을 너무 허술하게 흘러 보내기 때문이다. 웬만한 홍수에도 지방 하천이 범람하여 농경지를 휩쓸기 예사지만 달포 정도 지나서 가 보면 그 하천은 이미 물 한 방울 구경할 수 없는 건천으로 탈바꿈한 모습을 목격할 수 있다.

지난 수년 동안 우리나라는 많은 예산을 투입하여 4대강 정비사업을 펼쳐 왔다. 운하사업을 하려고 한다는 일부 오해와 반대의 소리도 없지 않았지만 강의 범람을 막고 맑은 식수원을 확보하며 물부족 사태에 대비하여 담수량을 늘린다는 측면에서 볼 때 앞으로 그 효과가 기대되는 바 크다.

그러나 아쉬움이 적지 않다. 시작한 김에 몇 개년 계획이라도 세워 지방에 산재한 크고 작은 농수용 저수지와 하천들, 심지어는 마을을

끼고 흐르는 작은 개천까지도 대대적인 정비가 절실하기 때문이다. 저수지는 축조된 지 수십년이 지나도록 손을 보지 않아 토사가 쌓여 제구실을 하지 못하는 곳이 부지기수이다. 사시사철 맑은 물이 흐르는 마을 개천과 농수로를 4대강 정비사업처럼 펼쳐 나간다면 소수력 발전문제는 개발의 토대가 마련될 것이다.

끝으로 이 책을 쓰면서 기억나는 분이 있다. 1960년대 후반에서 70년 초반, 경남 진주에서 건전사(建電社)라는 전업사를 경영하시던 분으로 당시 소수력 발전을 위해 동분서주하시던 모습이 눈에 선하다. 40여 년의 세월이 흘러 성함은 기억나지 않지만 건전사 사장님은 소수력 발전소 건설 적격지 여러 곳을 실지 답사하여 많은 자료들을 가지고 계셨고 그 실현을 위해 내가 주관했던 월간 "전기기술"을 몇 번 찾아오기도 하셨다. 당시는 우리나라의 경제개발이 본격적으로 시작되어 여러 곳에 크고 작은 공장들이 건설되던 때였다. 심각한 전력난 타개를 위해 용량이 큰 수력 발전소와 화력 발전소가 건설되던 때 수백 kW 출력의 소수력 발전이 전력당국이나 정부당국자의 눈에 찰 리 없었지만 좌절하지 않고 고군분투하던 그 사장님이 진정 이 시대에 필요한 사람인 것 같아 아쉽다.

편저자

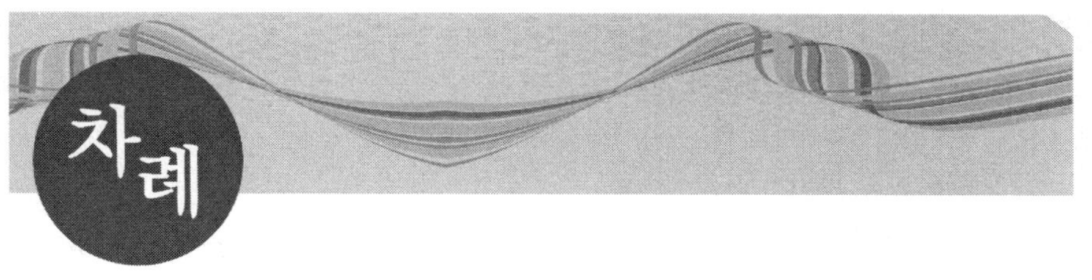

차례

제 1 장
수력 이용의 원리

1·1   물의 에너지

(1) 에너지로서의 수력

물은 참으로 신비한 것으로, 증발하여 구름이 되고 다시 비나 눈이 되거나, 때로는 안개나 우박이 되어 하늘에서 지상으로 떨어지는 과정을 되풀이한다. 이러한 물의 순환 덕분에 인간의 손을 거치지 않고도 물에 위치에너지가 주어지고, 우리는 그 에너지를 자유로이 사용하는 혜택을 누리고 있다. 따라서 화석에너지처럼 그 성질 자체를 바꿔버리지 않고 자연에너지원으로 이용이 가능하다.

그림 1-1 **물의 순환**

장구한 역사를 통하여 인류는 스스로가 가지고 있는 온갖 지혜를 활용하여 에너지를 이용해 왔다. 11세기에서부터 13세기에 걸쳐 유럽에서 대규모로 수차가 만들어진 것도 그 한 예라 할 수 있다.

표 1-1에 제시한 바와 같이 18세기 산업혁명과 함께 대출력의 수차가 발명되고 19세기 후반에 이르러서는 발전(發電)을 하게 되었다. 수차가 이용되기 시작한 초기에는 수차의 동력을 바로 회전력으로 활용했다. 우리나라에서 사용했던 물레방아는 그 좋은 예였다.

표 1-1 **에너지 이용의 변천사**

연도	원동기를 주체로 한 역학적 에너지 이용의 변천	
13세기	빌라르 · 드 · 온쿠르의 화첩에 '수력 톱'으로 수차가 등장	풍차 · 수차
1687	뉴턴	인력의 법칙 발견
1740	뉴커먼	대기압 증기 펌프
1769	아크라이트	방적기계 발명
1769	와트	왕복기관
1800	크랭크 볼타 브라마	직결기관 전지 수압기
1807	풀턴	기선 발명
1814	스티븐슨	기차 발명
1820	스터전 & 헨리	전자석
1830	푸르네롱	수력 터빈
1831	패러데이	증기구동 발전기, 아크등
1850	프랜시스	대증기기관, 터빈
1860	디라르	충동터빈
1865	물리량, 에트로피 도입	
1870	오토	4 사이클 기관
1873	맥스웰	전기자기론
1876	벨	전화기 완성 전동기
1880	스완 & 에디슨 브러시 & 에디슨 파슨스	백열전등 중앙 발전소 증기터빈
1890		수력 발전, 고압교류 발전 변압기

1900		디젤기관 텅스텐전구
1905	아인슈타인	상대성 이론 발표
1938	한 & 슈트라스만	핵분열 발견
1978		고리 원자력 발전소 1호기 가동

에너지 이용 형태의 변화

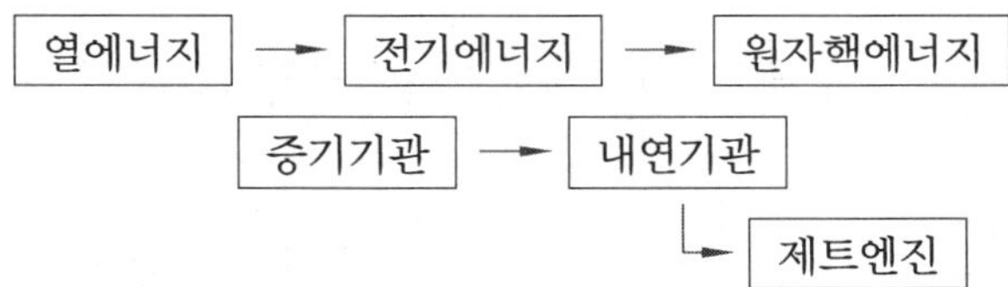

(2) 물이 갖춘 에너지

기준위치보다 높은 곳에 고여 있는 물은 그것이 기준위치까지 돌아올 때 일을 할 수 있으므로 기준위치에 대하여 위치에너지를 가지고 있다고 할 수 있다. 지금 그림 1-2 (a)와 같이 기준위치에서의 높이, 즉 낙차를 h [m]라 하고, 그 곳에 저장되어 있는 단위 체적당의 질량, 즉 밀도 ρ [kg/m^3]의 물이 갖는 위치에너지 E_e [J/m^3]의 중력가속도를 g [m/s^2]라 하면

$$E_e = \rho gh \qquad\qquad\qquad\qquad\qquad (1.1)$$

로 주어진다.

그림 1-2 (b)와 같이 저수지보다 높이 h [m]가 낮은 위치까지 관로를 통하여 도수된 물이 관 끝에서 대기중으로 유출하는 속도 v [m/s]를 구함에 있어서, 밀도 ρ [kg/m^3]의 물이 갖는 운동에너지 E_R [J/m^3]은

$$E_R = \frac{1}{2}\rho v^2 \quad\cdots\cdots\cdots\cdots\cdots\cdots\cdots\cdots\cdots\cdots (1.2)$$

이다. 관로 도중에서 에너지 손실 혹은 증가를 받지 않는 것으로 생각하면 물이 갖는 위치에너지 $E_e = \rho gh$와 운동에너지 $E_R = \dfrac{\rho v^2}{2}$는 같을 것이므로 다음 관계를 얻는다.

$$v = \sqrt{2gh} \quad\cdots\cdots\cdots\cdots\cdots\cdots\cdots\cdots\cdots\cdots (1.3)$$

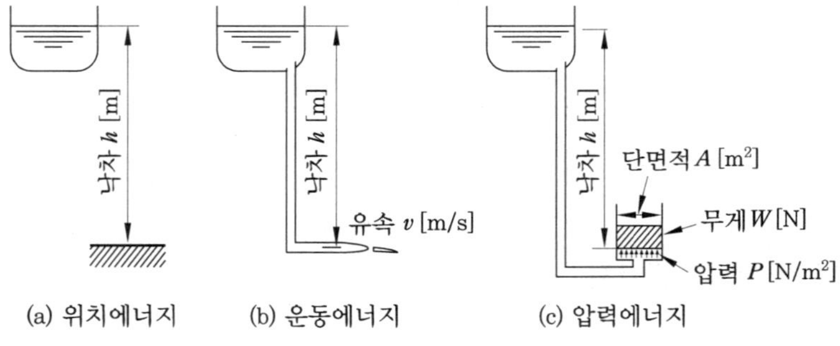

그림 1-2　**물의 에너지**

또 저수지보다 높이 h [m]가 낮은 위치에 있는 단면적 A [m²]의 실린더와, 저수지를 관로로 연결하여 피스톤 중량 W[N]과 균형이 유지되고 있는 그림 1-2 (c)의 경우를 생각해 보자. 피스톤 하부는 그 낙차 h [m]와 같은 수주(水柱) 높이에 상당하는 압력 P [N/m²]를 받고 있어

$$P = \rho gh = \frac{W}{A} \quad\cdots\cdots\cdots\cdots\cdots\cdots\cdots\cdots\cdots (1.4)$$

로 나타낸다. 지금 압력 $P = \rho gh$의 상태에 있는 물은 이보다 h [m] 만큼 밀도 ρ [kg/m²]의 물을 뿜어 올릴 수 있는 에너지를 가지고 있으며, 이를 압력에너지 E_p [J/m³]라 한다.

이와 같이 물이 가지고 있는 에너지는 위치에너지, 운동에너지, 압력에너지 등 3종류의 형태를 가지고 있다.

  이를 각각 물의 단위 중량 당으로 표시하면 위치에너지는 h [m], 운동에너지는 $\dfrac{v^2}{2g}$ [m], 압력에너지는 $\dfrac{P}{\rho g}$ [m]로 되고, 각각 위치헤드, 운동헤드, 압력헤드라고 한다. 이들 헤드는 경우에 따라 위치헤드가 되거나 속도헤드가 되거나 혹은 압력헤드가 되어 서로 변화할 수 있다.

1·2 에너지 보존의 법칙

  지금 위치헤드 h [m], 속도헤드 $\dfrac{v^2}{2g}$ [m], 압력헤드 $\dfrac{P}{\rho g}$ [m]를 갖는 물이 정상적으로 운동하고 있는 경우를 생각하고, 운동 중에 다른 것으로부터 에너지 수수가 없다고 치면 에너지 보존법칙에 따라 그 유동경로는

$$h + \frac{v^2}{2g} + \frac{P}{\rho g} = 일정 \quad \cdots\cdots\cdots (1.5)$$

이라는 관계가 성립된다. 이것을 베르누이의 정리 (Bernoullis theorem) 라고 한다.

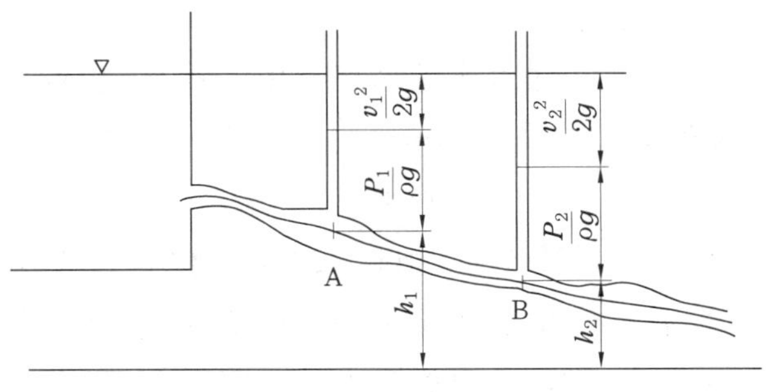

그림 1-3 **베르누이의 정리**

  저수지로부터 관로를 따라 물이 흘러나고 있는 그림 1-3의 경우를 예로 들어 상술한 베르누이의 정리를 구체적으로 설명하여 보면 다음

과 같다.

그림 1-3과 같이 관로(管路) 두 곳에 관벽에 직각으로 상단이 열린 유리관을 설치하여 면직으로 세운다. 먼저 관로 끝을 닫으면 물은 정지상태가 되고, 유리관 속의 물은 저수지의 수면과 같은 높이가 된다. 다음에 관로 끝을 열면 물은 관의 끝쪽에서 유출하고 유리관 안의 수면은 그 곳 모두 물이 정지해 있던 상태보다 낮아진다. 이때 관의 안지름이 작은 단면, 즉 물의 속도가 큰 단면에 설치된 유리관 안의 물이 특히 낮아진다.

그림과 같이 관로 A점에서의 물은 기준위치에 대하여 h_1의 위치헤드를 가지고 있다. 또 이 A점에서의 압력을 P_1 [N/m^2]라고 하면 압력헤드는 $\dfrac{P_1}{\rho g}$ [m]이고, 이것은 유리관 안의 물의 높이로 나타낼 수 있다. 또 A점에서의 관로 유속을 v_1 [m/s]라 하면 속도헤드는 $\dfrac{v_1^2}{2g}$ [m]이다. 따라서 A점의 물은 $h_1 + \dfrac{P_1}{\rho g} + \dfrac{v_1^2}{2g}$ 의 전헤드를 가지고 있으며, 베르누이의 정리에 따라 어느 지점에서나 전헤드는 불변이므로

$$h_1 + \frac{P_1}{\rho g} + \frac{v_1^2}{2g} = h_2 + \frac{P_2}{\rho g} + \frac{v_2^2}{2g} \quad \cdots\cdots\cdots\cdots (1.6)$$

으로 나타낼 수 있다.

유리관 안의 수면의 높이가 관로 지름이 작은 단면에서 특히 낮아지는 것은 물의 속도가 큼에 따라서 속도헤드가 증가하고, 압력헤드 혹은 위치헤드가 감소하기 때문이다.

수차처럼 물이 가지고 있는 에너지로부터 기계적 에너지를 이끌어내는, 즉 수력 원동기에서, 수력 원동기에 주어지는 헤드를 H [m]로 하고, 수력 원동기 직전 및 직후에 가지고 있는 물의 각 헤드에 각각 1, 2의 첨자를 붙여 에너지 보존의 법칙을 표시하면

$$h_1 + \frac{P_1}{\rho g} + \frac{v_1^2}{2g} = h_2 + \frac{P_2}{\rho g} + \frac{v_2^2}{2g} + H \quad \cdots\cdots\cdots\cdots (1.7)$$

이 된다.

　이것을 고쳐 쓰면

$$H = (h_1 - h_2) + \left(\frac{P_1}{\rho g} - \frac{P_2}{\rho g} \right) + \left(\frac{v_1^2}{2g} - \frac{v_1^2}{2g} \right) \quad \cdots\cdots\cdots\cdots (1.8)$$

이 되어 H는 위치헤드 차, 압력헤드 차, 속도헤드 차의 합으로 표시되며, 일반적으로 수력 원동기의 유효낙차라고 한다.

1·3　수력 원동기의 분류

　수력 원동기는 앞에서도 설명한 바와 같이 물이 갖고 있는 에너지를 기계적 에너지로 변환시키는 기계를 총칭한 것으로, 수압기관과 넓은 의미의 수차로 대별된다.

　수력 원동기에 의해서 변환되는 헤드, 즉 유효낙차 H가 위치헤드 차, 압력헤드 차, 속도헤드 차 중에서 어떤 헤드 차가 주로 이용되느냐에 따라 다음과 같이 분류할 수 있다.

　(a) 물에너지 이용 형태에 따른 분류

```
             ┌─ 압력헤드 ──────────── (수압기관)
             ├─ 위치헤드 ──────────── (중력수차)
수력 원동기 ─┤
             ├─ 속도헤드 ──────────── (충동수차)
             └─ 압력 및 속도헤드 ──── (물터빈)
```

　(b) 작동부의 운동방식에 따른 분류

```
             ┌─ 왕복운동 ───────────────── (수압기관)
             ├─ 요동운동 ───────────────── (물받이식 절구)
             ├─ 간헐회전운동 ───────────── (상수차)
수력 원동기 ─┤                          ┌─ 저속회전 (가로형 수차)
             │              ┌─ 수직차축 ─┤
             │              │            └─ 고속회전 (입축 물터빈)
             └─ 연속회전운동 ┤          ┌─ 저속회전 (입축형 수차)
                            └─ 수평차축 ─┤
                                         └─ 고속회전 (가로축 물터빈)
```

  수압기관은 증기기관에서 수증기의 압력을 피스톤에 작용시키는 것과 마찬가지로 물이 가지고 있는 압력에너지를 피스톤에 작용하고 피스톤의 왕복운동에 의해서 기계에너지로 이끌어내는 것으로, 물이 가지고 있는 압력헤드 차를 이용하고 있다.

  넓은 의미의 수차는 축에 부착된 날개바퀴(impeller)에 물을 유입시키고 물이 가지고 있는 에너지에 의해서 날개바퀴를 회전시켜 기계적 에너지를 얻는 기계인데, 이에는 재래형 수차와 물터빈이 있다. 재래형 수차 (이하 수차라 약칭)로는 물이 갖는 위치헤드의 차를 이용하는 중력 (重力)수차와 물이 갖는 속도헤드를 줄여서 물의 충동력으로 작동하는 충동수차가 있다.

  물터빈은 물이 날개바퀴를 통과하는 사이에 물이 그 압력 및 속도의 두 헤드를 경감함으로써 기계적인 헤드를 발생하는 것이다. 수압기관은 당연히 작동부가 왕복운동을 하는 것으로 분류되며, 이것은 18, 19세기에 서유럽의 광산지대에서 이용되었을 뿐이었다. 물받이식의 절구는 그림 1-4에 보인 바와 같이 어깨막대 한쪽 끝에 박스형의 물받이를, 다른쪽 끝에 절굿공이를 장착하고 어깨막대 중간에는 받침점축을 갖춘 장치인데, 물레방아와 같은 역할을 한다.

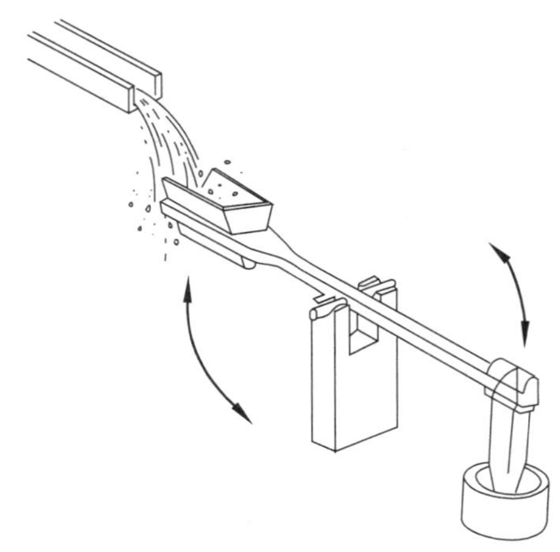

그림 1-4 **물받이식 절구**

축이 회전하는 수력 원동기로는, 간헐 회전하는 박스 수차와 연속 회전하는 수차 혹은 물터빈이 있다. 박스 수차는 그림 1-5에 보인 바와 같이 물받이식 절구의 절굿공이 부분을 물받이로 대치하여 물받이를 2개로 하고, 물받이 안에 물의 무게에 의해 축을 간헐적으로 회전시킴으로써 축으로부터 동력을 이끌어 내는 것이다.

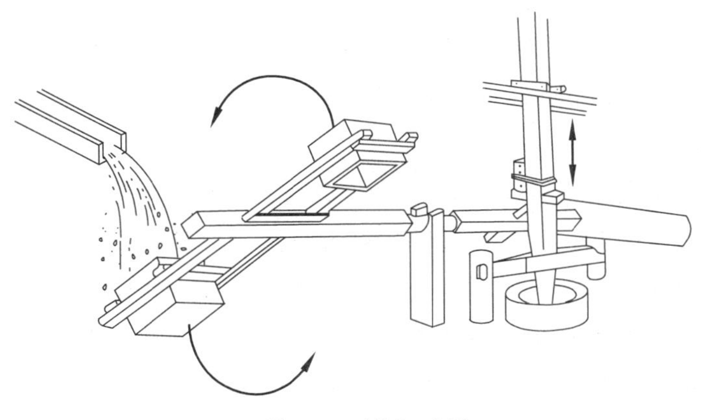

그림 1-5 **박스 수차**

축이 연속 회전하는 것은 축을 장착한 방향이 수직이냐 수평이냐에 따라 나누어진다. 전자는 물의 에너지를 이용하여 곡물 제분용 맷돌을 회전시키려는 것으로, 서유럽에서는 오랜 옛날부터 사용되었다. 후자는 수직면 안에서 회전하는 수차로, 입형(立形) 수차라고도 하며, 그 사용은 가로형 수차와 마찬가지로 오래되었지만 시대와 더불어 종류가 다양해지고 또 출력도 커져 제분용뿐만 아니라 각종 산업용으로까지 발전했다.

사회의 생산력이 늘어나고 동력 수요가 증가함에 따라 수차는 날로 개량되었고, 특히 가로형 수차의 개량으로 상당한 고속의 물터빈이 개발되었다. 현재 발전용 물터빈은 대출력에는 입축형이, 소출력용에는 가로형이 일반적으로 사용되고 있다.

1·4 전기에 관한 지식

(1) 전류와 전압

(+)와 (−)로 대전하고 있는 물체를 도선으로 연결하면 전기는 이동하여 중화(中和)한다. 이 전기의 이동이 전류(electric current)이다. (+) 전하(electric charge)가 이동하는 방향을 전류의 방향으로 정하고 있다.

1초간에 전류가 1쿨롬(coulomb) 흐르는 것을 1암페어의 전류라고 한다. 또 도체에 전류를 흘리기 위해서는 두 전도체 간에 일정 이상의 전기적인 차가 필요한데, 이것을 전압(voltage)이라고 한다. 전압을 유지하고 있으면 전류가 흐르는데, 이 전압을 발생시켜 전류를 계속시키는 전기적인 힘을 기전력(electromotive force)이라 하며, 기전력을 만드는 것으로는 발전기와 전지가 있다. 이 전기가 일을 하면 전등을 점등시키거나 모터를 돌리거나 한다.

전기가 하는 일량은 그 전류의 전압이 높을수록, 또 전류가 많을수록 많아 전압×전류에 비례한다.

일량의 단위는 줄(Joule : 약해서 J로 표시)이라 하고, 1 V의 전압으로 1 A의 전류가 1초간 흐른 때의 일량을 1 J이라 한다.

$$일량 (J) = 전압 (V) \times 전류 (A) \times 시간 (sec)$$

전압×전류를 전력(1초간에 소비되는 전기적 에너지의 양)이라 하고, 단위로는 와트(W)를 쓴다.

$$전력 (W) = 전압 (V) \times 전류 (A)$$

다음에 1시간 내의 전기적 일량을 전력량이라 한다.

$$전력량 (J) = 전력 (W) \times 시간 (sec)$$

 사용의 편리로 1와트를 1시간 사용한 때의 전기량을 단위로 하여 와트시 (Wh)를 사용한다.

$$1\,Wh = 1\,W \times 1\,h = 3600\,Ws = 3600\,J$$

(2) 충전장치

 축전지를 전원으로 사용하는 경우, 축전지의 용량이 떨어진 때의 충전과 부하(조명회로, 기타 전기장치)에 전력을 공급하기 위해 그림 1-6에 보인 것과 같은 발전기 (generator)와 레귤레이터 (regulator)로 구성된 충전장치를 사용한다.

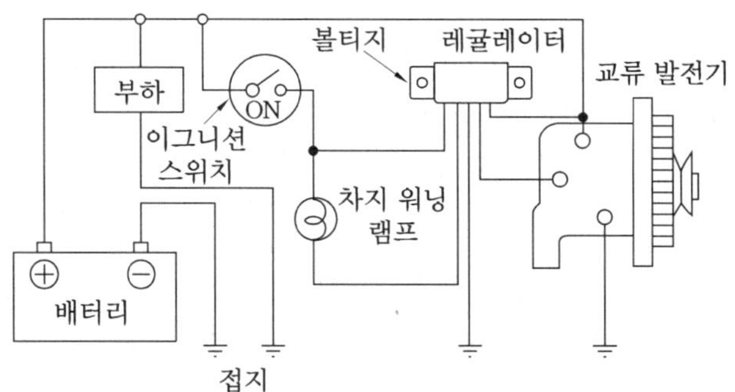

그림 1-6 **교류 발전기와 레귤레이터 (접점식)**

 이 방식의 충전장치는 옛날부터 자동차분야에 사용되었고, 그 중에서도 발전기에는 1950년경까지는 서드 브러시식 다이나모가 사용되었다. 그 후에 레귤레이터 (requlator)와 결합하여 발생 전압을 조정하는 정전압식 다이나모가 사용되게 되었다.

 그러나 자동차의 발전과 더불어 전기부하도 증가 일로를 걷고, 자동차의 사용상태도 시가지의 단속적 운전에서 하이웨이의 고속주행까지 폭넓게 변화하여 기계적인 정류를 하는 DC 다이나모로는 충분한 충전 성능을 얻기 어렵게 되었다. 그래서 1960년경부터는 실리콘 다이오드 (silicon diode)를 사용하여 전기적으로 정류시키는 교류 발전기

(alternator)가 사용되고 있다.

DC 다이나모는 정류기와 브리지에 의한 기계적인 정류방법을 채용하고 있기 때문에 필연적으로 회전자측 코일 (아마추어)에서 출력전류를 끌어내는 구조가 되어 다음과 같은 결점이 있다.

(a) 아마추어 (armature)에 유도되는 전류는 단상 교류가 되어, 3상 교류를 유도시킬 수 있는 교류 발전기에 비해 용적당 출력이 작다.

(b) 자동식이기 때문에 저회전역에서는 큰 출력을 얻기 어렵고, 저회전역의 출력을 크게 하려고 하면 용적·증량의 증가를 초래하므로 자동차용 발전기로는 적합하지 않다.

(c) 고속으로 회전하면 정류작용이 떨어지고 브러시의 마모가 크며 원심력으로 인해 아마추어·코일 떨림 등이 발생할 우려가 있어 엔진과의 회전비를 크게 취할 수 없다.

오늘날에는 자동차에 여러 종류의 액세서리가 장착되기 때문에 전기부하가 그만큼 증가했고, 또 시가지에서는 주행 시 정체가 많아 공회전하는 시간이 매우 길어지게 되었다.

한편, 고속도로에서는 다이나모의 회전도 고속회전하므로 브러시 마모가 커 정류가 나빠진다. 이 악조건을 배제하려고 하면 다이나모의 형상이 크게 되고 또 값도 비싸지게 된다. 그래서 소형이면서 열적으로도 내구성이 있는 실리콘 다이오드가 개발되어 자동차용 교류 발전기가 실용화되었다.

다음은 충전장치 중에서 발전기와 레귤레이터 관계에 대하여 기술하겠다. 발전기에서 발생한 기전력을 직접 배터리 (battery)나 전기장치에 공급하면 회전수가 상승한 경우 과충전되거나 전기장치를 파손하기도 한다.

따라서 엔진회전수가 상승한 경우 필드전류 (여자전류 (excitation current))를 감소시켜 발생전압을 일정하게 유지하기 위한 볼티지 레귤레이터 (voltage regulator : 전압 조정기)를 설치해야 한다.

교류 발전기용 레귤레이터는 일반적으로 볼티지 레귤레이터 뿐이다. 컷아웃 릴레이는 물론 커런트 리미터도 특수한 용도의 경우를 제외하고는 필요하지 않다. 컷아웃 릴레이 (cut-out relay)가 불필요한 것은 교류 발전기에 장치한 다이오드에 배터리로부터의 역류를 저지하는 작용이 있기 때문이다.

커런트 리미터(current limiter)를 필요로 하지 않는 이유는 다음과 같다. 그림 1-7 (a)는 교류 발전기 회로이고 (b)는 그 단상식 회로도이다.

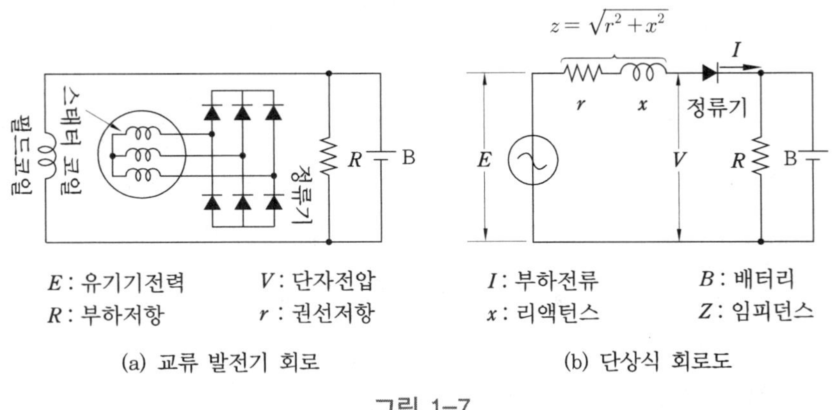

E : 유기기전력　　　　V : 단자전압
R : 부하저항　　　　　r : 권선저항
I : 부하전류　　　　　B : 배터리
x : 리액턴스　　　　　Z : 임피던스

(a) 교류 발전기 회로　　　　(b) 단상식 회로도

그림 1-7

일반적으로 발전기의 단자전압 V는 유기기전력에서 내부전압 강하 (다이나모에서는 아마추어 코일의 저항 r, 교류 발전기에서는 스태터 코일의 임피던스에 의한 전압 강하)를 뺀 것으로, 다음과 같은 식으로 표시된다.

　　　다이나모의 경우　　　$V = E - I \cdot r$
　　　교류 발전기의 경우　$V = E - I \cdot z$

즉 위의 식에서 저항 r는 항상 일정하다고 생각해도 되지만 교류 발전기의 임피던스 z는 코일의 저항 r와 리액턴스 x의 벡터 합이며, 일반적으로 이 리액턴스 x는 저항 r에 비하여 값이 크고, 회전속도에 비례하여 증가하는 성질이 있다.

또 전류의 증가는 아마추어·리액션(전기자 반작용)에 의해서 유기 기전력을 강하시키는 작용을 한다.

따라서 부하전류가 일정 이상 증가하거나 회전속도가 증가한 경우 리액턴스에 의한 내부 전압 강하와 아마추어 리액션으로 인한 유기기전력 강하의 두 작용에 의해서 그림 1-8과 같이 교류 발전기는 전류를 제어하는 작용을 하므로 특수한 경우를 제외하고는 커런트 리미터는 불필요하다.

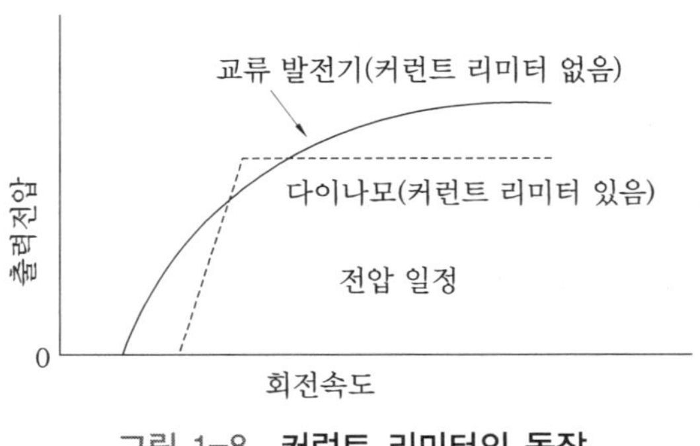

그림 1-8 **커런트 리미터의 동작**

(3) 발전의 원리·정류·여자

① 발전의 원리

강력한 자계(磁界) 안에서 회전자를 회전시키면 플레밍의 오른손 법칙에 따라 기전력이 발생한다. 그러므로 자석과 코일을 결합하여 어느 한쪽을 돌리면 코일 속을 통하는 자속이 변화하므로 코일에 기전력이 발생한다. 자석을 고정하고 코일을 돌리도록 만든 것이 DC 다이나모이고 그 반대로 코일을 고정하고 자석을 움직이도록 한 것이 교류 발전기이다(그림 1-9 참조).

다음에 코일에 발생하는 기전력의 변화를 교류 발전기로 알아보자.

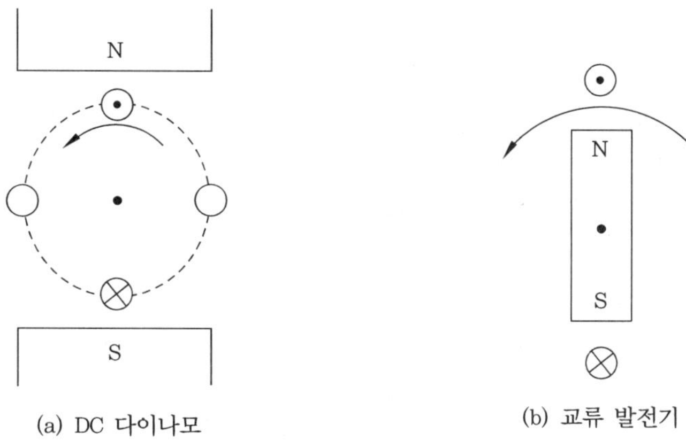

(a) DC 다이나모   (b) 교류 발전기

그림 1-9

교류 발전기에서는 자석을 회전시킴으로써 기전력이 발생하게 되는데, 코일이 자석을 자르는 방향 및 각도는 항상 변화하게 된다. 따라서 기전력의 방향과 크기가 자석의 회전력과 함께 변화하게 된다.

이 모습을 나타낸 것이 그림 1-10이다. 기전력은 그림과 같은 사인 커브(sine curve)를 그리는 교류전력이 된다.

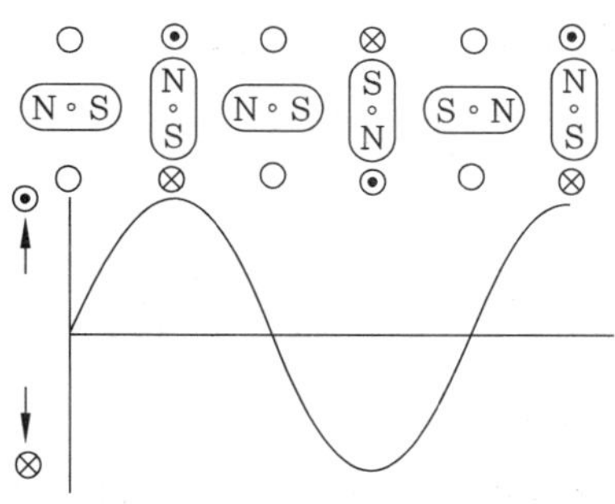

그림 1-10 **기전력의 변화**

실제 교류 발전기기에서는 코일(스태터 코일)을 3개 사용하여 각각 120°씩 엇갈리게 그림 1-11(a)와 같이 배치한다. 이 코일의 결선은 그림 1- 11(b)와 같다.

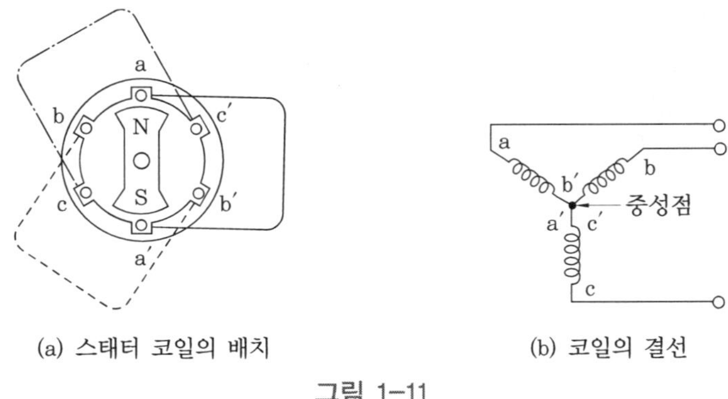

(a) 스태터 코일의 배치　　　　(b) 코일의 결선

그림 1-11

이러하기 때문에 교류 발전기에서 발생하는 기전력은 120°씩 엇갈린 교류로, 이 전압의 파형은 그림 1-12에 보인 것과 같고 이를 3상 교류라고 한다.

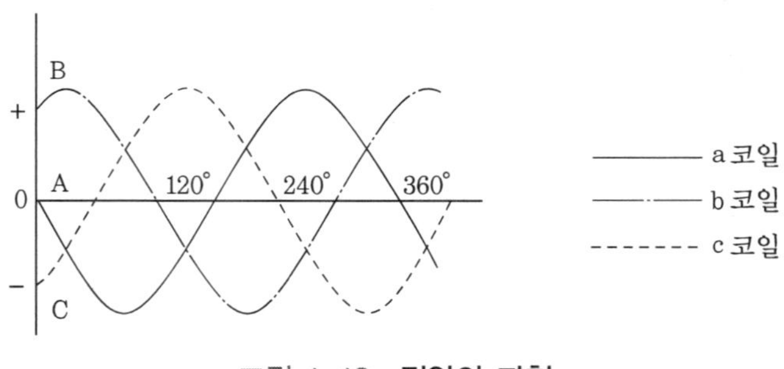

그림 1-12 **전압의 파형**

② 다이오드에 의한 정류

교류를 직류로 변환하는 정류방법에는 여러 가지 방법이 있으나 교류 발전기의 경우는 다이오드를 이용하여 정류하는 방법을 이용한다.

다이오드는 그림 1-13 (a)에 보인 바와 같이 결합하면 부하 R에 흐르는 전류는 다음과 같이 된다.

교류 발전기의 A단자가 (+)에, B단자가 (−)인 전압을 발생하고 있을 때 다이오드에는 순방향으로 전압이 가해지므로 부하 R에는 화살표 방향으로 전류가 흐른다.

　다음에 발생전압이 반대로 되어 A단자가 (−), E단자가 (＋)상태
가 되면 다이오드에 가해지는 전압은 역방향이 되므로 부하 R에는 전
류가 흐르지 않는다. 즉 부하에는 화살표 방향으로만 전류가 흐른다.
이처럼 발생하는 교류의 한쪽에서만 전류를 이끌어내는 정류방법을
반파정류라 하고, 이 방식은 그림 1-13 (b)를 보아서도 알 수 있듯이
교류파형의 한쪽만 이용할 수 있다.

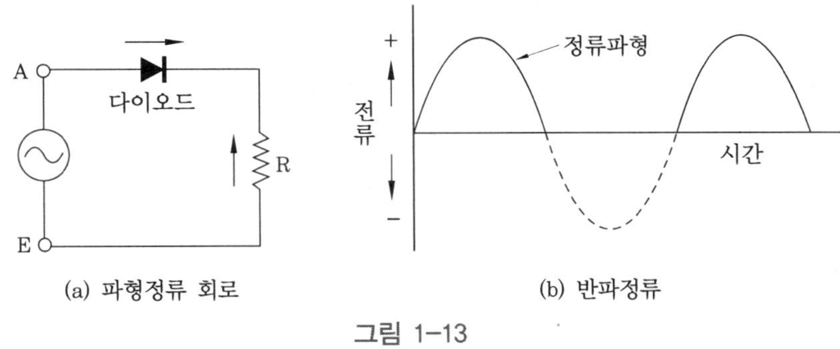

그림 1-13

　그림 1-14 (a)와 같이 다이오드를 4개 사용하면 전류는 A단자가
(＋), E단자가 (−)일 때는 실선의 화살표처럼 흐른다. 그 반대의 경
우에는 점선의 화살표처럼 흐르고 그림 1-14 (b)의 실선처럼 교류파
형의 양쪽을 이용할 수 있다.

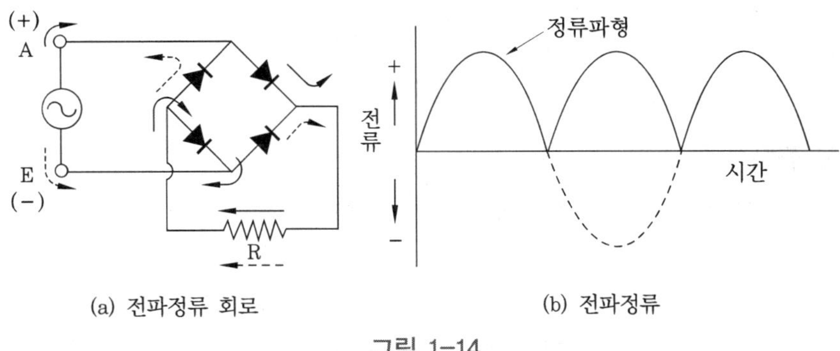

그림 1-14

　이 방식을 전파(全波)정류라고 한다. 교류 발전기는 일반적으로 스태터 코일을 3상식으로 하고 5개의 다이오드를 사용하여 그림 1-15 (a)와 같이 결선하며, 그림 1-15 (b)와 같은 직선에 가까운 전류를 얻을 수 있다.

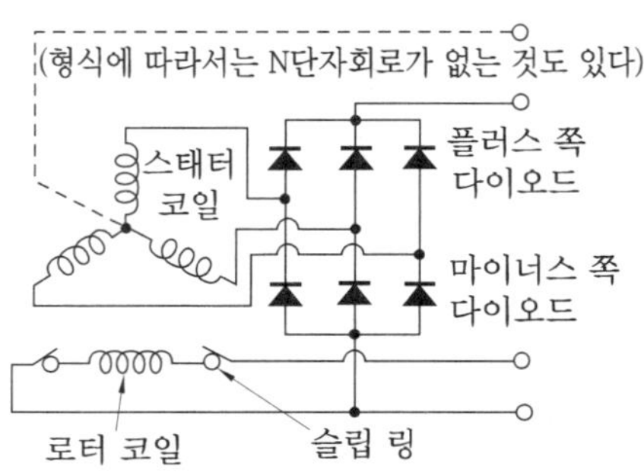

(a) 대표적인 교류 발전기의 정류 회로

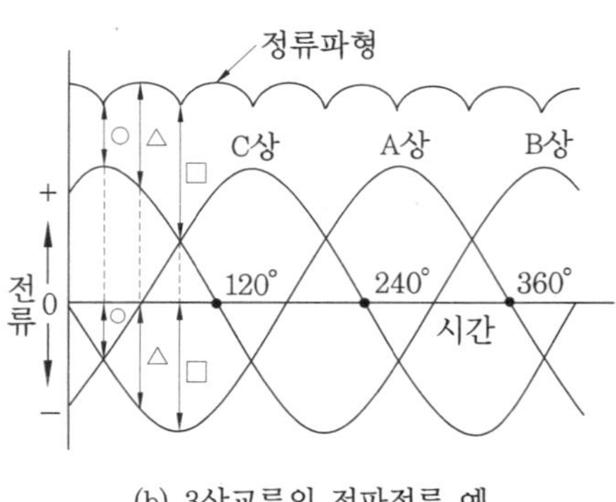

(b) 3상교류의 전파정류 예

그림 1-15

③ 필드의 여자방식

　DC 다이나모의 여자방식은 자려식(自勵式)이다. 그러므로 필드 코일과 아마추어 코일은 그림 1-16처럼 병렬로 결합되어 있다. 자려식은 아마추어가 회전하면 볼 코어에 약간 남아 있는 잔류자기에 의해서 아마추어 코일에 기전력이 유기되어 자기를 발생하는 기전력으로 필드 코일에 전류를 흘려 여자를 하는 방식이다.

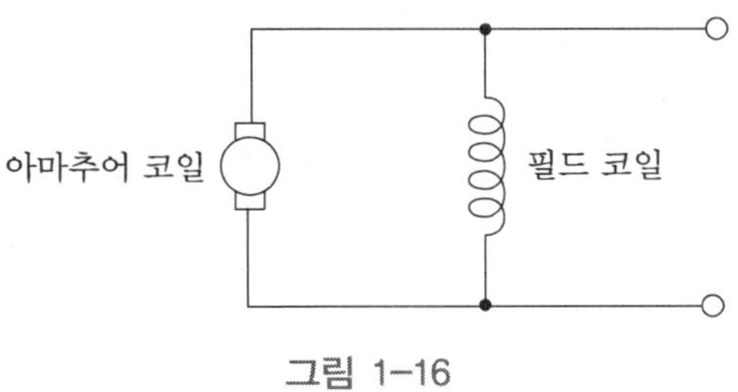

그림 1-16

교류 발전기 (alternator)에서 정류기로 사용되고 있는 다이오드는
설사 순방향 전압일지라도 어느 정도 이상의 전압이 가해지지 않으면
전류를 흘리지 않는 성질이 있다. 그러므로 자려식으로 발전시키려고
하면 DC 다이오드에 비해 회전속도를 상당히 높게 하지 않으면 로터
코일로 여자전류가 흐르지 않으므로 그림 1-17의 점선으로 표시한
바와 같이 저속에서 전압 상승이 나쁘게 된다.

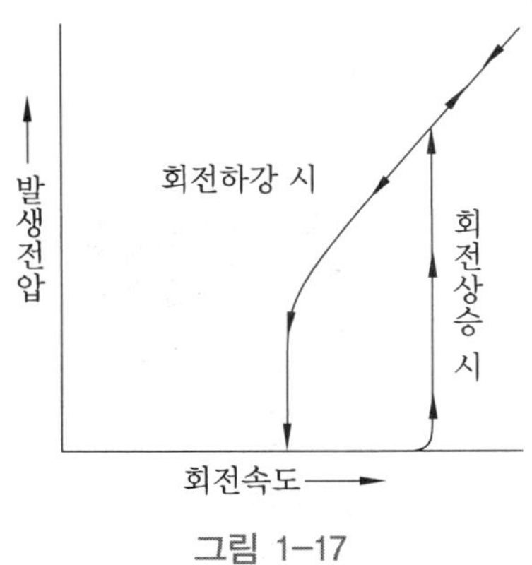

그림 1-17

그러므로 교류 발전기의 충전회로에서는 일반적으로 그림 1-18과
같은 회로로 하며 배터리에서의 전류에 의해서 로터 코일이 여자되는
타려식을 채용하고 있으나 교류 발전기의 발생전압 상승 후에는 자려
식을 채용하고 있다. 따라서 교류 발전기에서는 자기기전력에 의해서
여자를 하고 있는 DC 다이나모에 비해 운전 시초부터 배터리 전류에
의해서 여자가 이루어지기 때문에 저속발전성능이 좋다.

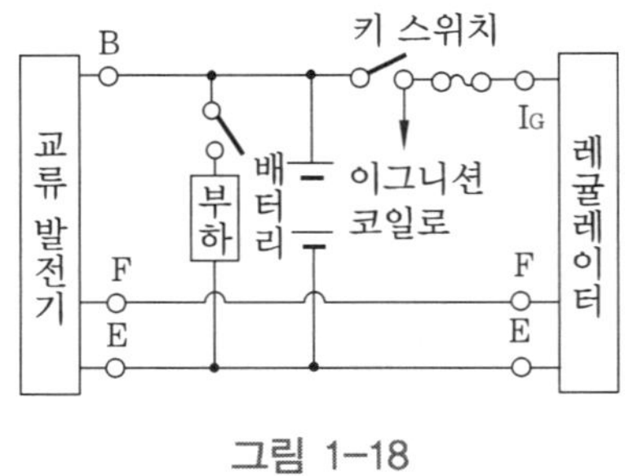

그림 1-18

1·5   교류 발전기 (alternator)

(1) 구조

교류 발전기는 그림 1-19에 보인 바와 같이 스태터 (고정자), 로터 (회전자) 및 브래킷 (축받이부)의 3부분으로 구성되어 있다.

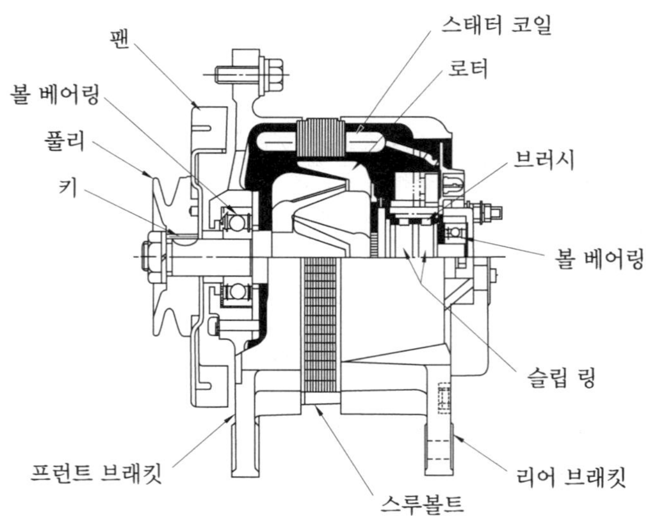

그림 1-19 **교류 발전기의 구조**

이것은 DC 다이나모도 마찬가지이지만 다음 점이 크게 다르다.

(a) 아마추어 (회전자)가 스태터 쪽에 감겨 있고, 필드가 로터 쪽에

감겨 있다.

(b) 정류자 (commutator)가 없는 대신 실리콘 다이오드가 브래킷 (bracket)에 결합되어 있다.

(c) 브러시 (brush)는 있지만 주전류를 끌어내기 위한 것이 아니라 로터 코일에 여자전류를 흘리기 위한 것으로, 전류는 수 암페어도 적고, 슬립 링 (slip ring)이 로터에 설치되어 있다.

다음은 각 부분의 구조를 살펴 보자.

① 스태터 (stator : 고정자)

스태터는 그림 1-20에 보인 바와 같이 스태터 코어 (stator core) 및 스태터 코일로 구성되어 있다.

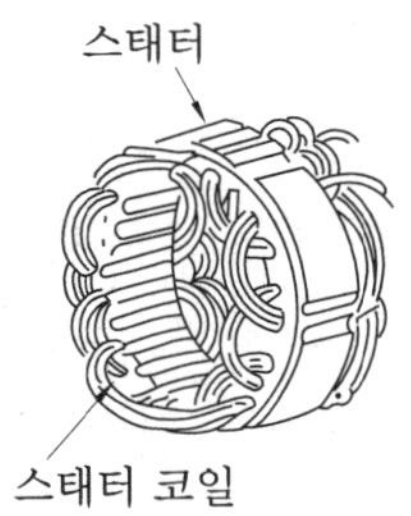

그림 1-20 **스태터 코일**

스태터 코어는 철손 (히스테리시스손)을 적게 하기 위해 얇은 규소 강판 또는 양질의 보통 강판을 겹쳐 용접하여 고정한 것으로, 로터 코어 (rotor core)와 함께 자로를 형성한다. 스태터 코어 안둘레에는 슬롯이 설치되어 있고, 이 슬롯에 스태터 코일이 삽입되어 있다.

자동차용 교류 발전기의 스태터 코일 권선식은 단층 또는 2층 파권 (波卷)이고, 더군다나 집중전절권 (集中全節卷)이라는 권선방식이 많이 사용되고 있다. 또 스태터 코일을 감는 방법은 거북등형 혹은 장바형으로 형성된 코일을 슬롯에 삽입하거나 혹은 자동권선기를 사용하여 스태터 코일에 직접 감는 방법을 채용하고 있다.

스태터 결선방식에는 그림 1-21에 보인 것과 같이 스타 결선 (star

connection : Y결선)과 델타 결선(delta connection : △결선)이 있는
데, 소형이고 저속충전이 요구되는 자동차용 교류 발전기에서는 소정
전압을 얻기에 유리한 스타 결선이 많이 채용되고 있다.

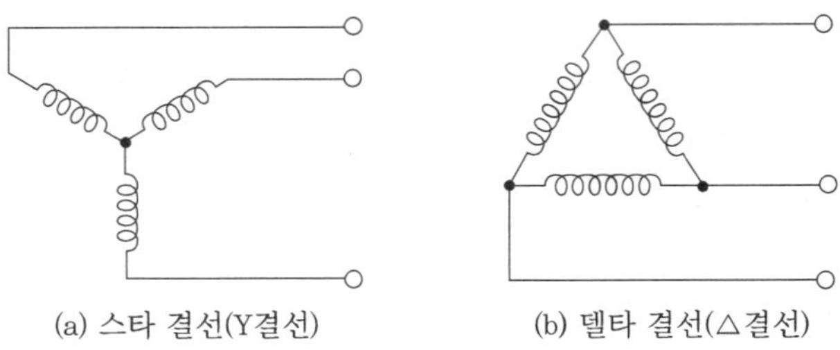

(a) 스타 결선(Y결선)　　　　　(b) 델타 결선(△결선)

그림 1-21

② 로터 (rotor : 회전자)

로터는 로터 코어, 로터 코일, 슬립 링에 전류를 흘려 로터 코어를
자화하여 발전에 필요한 자속을 발생시킨다.

로터는 다이나모의 볼 코어와 필드 코일을 그대로 내부로 옮겨온
것 같은 세렌트 볼형과 그림 1-22에 보인 것과 같은 도넛 상으로 감
긴 필드 코일 (로터 코일) 바깥쪽에 여러 개의 손톱을 가진 두 원반을
양쪽에서 끼워 샤프트에 압입한 란딜형이 있다.

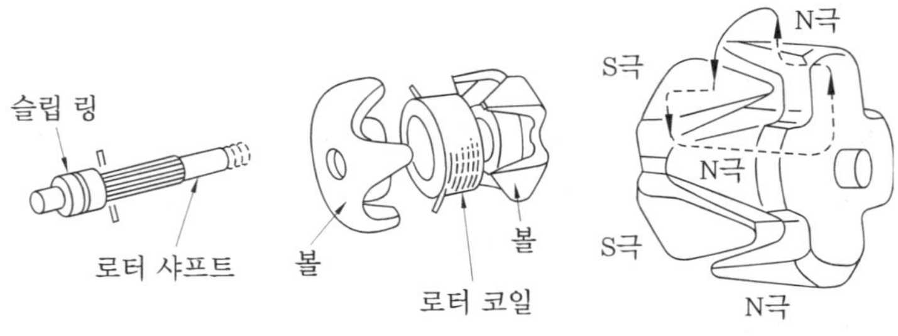

그림 1-22 **란딜형 로터**

란딜형 로터는 일명 조극형 (爪極形)이라 불리는 것으로, 주수는 손
톱수만큼 있다. 따라서 8~12극의 다극을 쉽게 만들 수 있다. 로터 코
일은 회전방향과 같은 방향으로 감겨 있으며, 로터 코일에 전류를 흘
리면 한쪽 원판의 손톱은 전부 N극이 되고 다른 쪽 원반의 손톱은 전

부 S극이 되므로 교차로 N극, S극이 배치되게 된다. 구조가 간단하고 원심력이 강한 장점이 있다. 승용차용 교류 발전기는 대부분 란딜형 로터를 사용하고 있다.

세렌트 볼형은 凸형이라 호칭되는 것으로, 바깥지름이 비교적 작고 축방향이 길어 종래의 다이나모와 같은 원통형 형상으로 만들 수 있다.

그러나 로터 코일이 원심력에 약하고, 극수와 같은 수만큼 로터 코일이 필요하므로 코스트가 높아지므로 용량이 크고 바깥지름에 제한이 있는 경우(대출력의 버스용 등)에만 사용된다.

㈎ 로터 샤프트(rotor shaft)

로터 샤프트는 로터 중심에 있어서 로터 코어, 로터 코일 및 슬립 링 등이 고정되어 구동하도록 되어 있다. 일반적으로 탄소강이 사용된다.

㈏ 슬립 링(slip ring)

슬립 링은 브러시와 접촉하면서 필드(로터)의 여자전류를 수수하는 부분으로, 로터 샤프트에 절연재를 매개하여 끼워넣어져 있다. 슬립 링은 접촉저항이 작고 내마모성이 양호한 것이 요구되므로 그 재질로는 스테인리스 스틸, 동 및 황동이 사용된다.

㈐ 로터 코일(rotor coil)

코일에는 주로 폴리에스테르선이 사용되고 있다. 코일과 로터 코어 등이 직접 접촉하지 않도록 절연되어 있다. 또 코일의 양쪽 끝에는 각각 2개의 슬립 링이 접속되어 있다.

③ 브래킷 (bracket)

㈎ 축받이

프런트 쪽, 리어 쪽 모두 볼 베어링이 사용되고 있으며 그 시방은

편심하중, 원심력에 의한 하중에 따라 결정된다.

(나) 브래킷

브래킷은 스태터 및 로터를 지지함과 동시에 가대에 설치하기 위한 것이다. 재질로는 알루미늄 주물이 많이 사용되고 있는데 그 이유는 중량 경감과 자속의 누자로 인한 출력저하를 막기 위해서이다.

(다) 브러시 (brush)

교류 발전기의 브러시는 DC 다이나모의 브러시처럼 출력전류를 도출하기 위한 것은 아니므로 재질은 슬립 링과의 섭동면 접촉 저항이 작고 내마모성이 좋은 것에 따라 결정되므로 일반적으로 금속 흑연 브러시가 사용된다. 또 교류 발전기의 브러시에는 보통 3 A 정도의 여자전류밖에 흐르지 않으므로 DC 다이나모의 브러시에 비해 크기가 매우 작다.

(라) 다이오드 (diode)

리어 쪽의 엔드 브래킷에는 3상 교류를 전파정류하기 위한 6개의 실리콘 다이오드가 결합되어 있다. 다이오드는 그림 1-23에 보인 바와 같이 리드선, 케이스, 팰릿 (정류소자) 등으로 구성되어 있다.

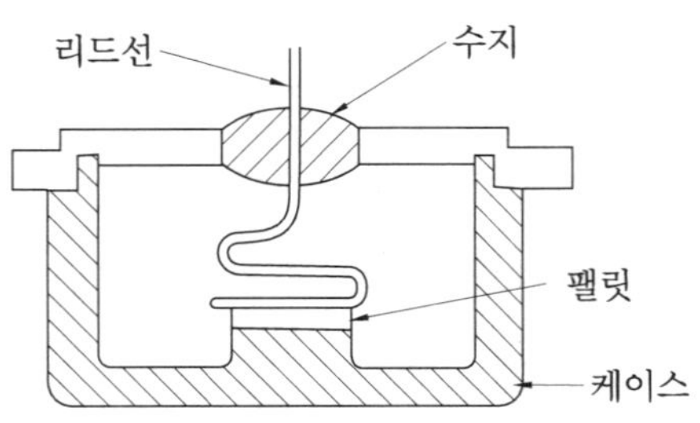

그림 1-23 **다이오드의 구조**

다이오드에는 리드선 쪽에서 케이스 쪽을 향해 전류를 흘리는 성질의 것 (붉은 마크)과 케이스 쪽에서 리드선 쪽으로 전류를 흐르는 성질의 것(검은 마크)이 있다.

다이오드를 결합하는 방법에는 그림 1-24에 보인 바와 같이 여러 가지 방식이 있다. (a)는 압입식, (b)는 비스 고정식, (c)는 헤드 싱크(head sink)에 납땜하는 형, (d)는 집적형이다.

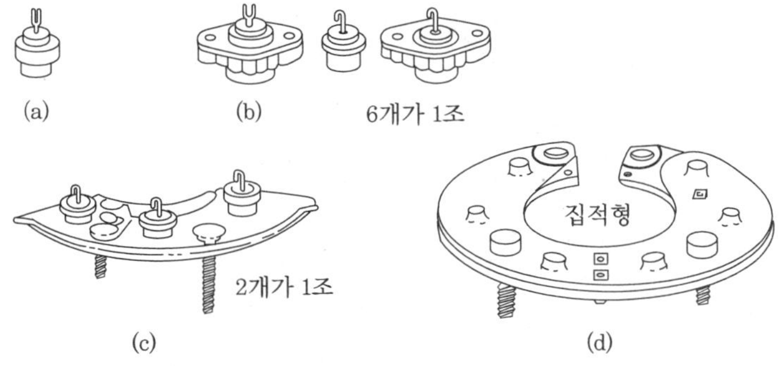

그림 1-24 **다이오드의 결합법**

압입식에서는 6개의 다이오드 중 3개는 엔드 브래킷에서 절연된 알루미늄 다이케스트제의 핀(헤드 싱크라고도 한다)에 압입되어 플러스 쪽으로 되어 있다. 나머지 3개의 다이오드는 직접 엔드 브래킷에 압입되어 마이너스 쪽으로 되어 있으며, 플러스 쪽과 마이너스 쪽 다이오드에서는 전류를 흘리는 방향이 반대로 되어 있다.

비스 고정식은 같은 극성의 다이오드 6개를 단체(單體)로 비스 고정하고 있다.

집적형의 경우는 하나하나의 다이오드가 단독 케이스를 갖고 있지 않고 방열판 일부를 약간 봉곳하게 하여 그 속에 다이오드를 6개 결합한 것이다. 또 정류 회로는 모두 프린트 배선되어 있다.

교류 발전기용 다이오드의 전압전류 특성은 그림 1-25와 같다. 이 그림으로도 알 수 있듯이 역방향 전압이 가해진 경우에는 전류가 거의 흐르지 않는다. 즉 정류 특성이 매우 우수하다. 또 실리콘 다이오드에 전류가 흐르면 온도가 상승하므로 냉각시켜 줄 필요가 있다.

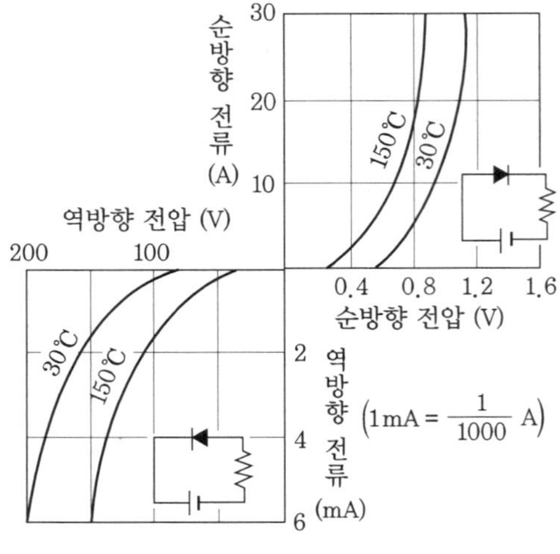

그림 1-25   **다이오드의 특성**

1·6 레귤레이터 (regulator)

(1) 볼티지 레귤레이터의 원리

교류 발전기의 발생전압은 자극수, 스태터 코일의 권수, 1극당의 자
속수에 각각 비례하여 증가하는 관계가 있으며, 다음 식으로 나타낸다.

$$E = 2.22\phi \cdot Z \cdot f \cdot K\omega$$

여기서 주파수 f 는 $f = P \cdot \dfrac{N}{120}$ 이므로

$$E = 2.22\phi \cdot Z \cdot K\omega \cdot P \cdot \dfrac{N}{120}$$

$$= \dfrac{2.22}{120} \cdot \phi \cdot Z \cdot K\omega \cdot P \cdot N$$

이 된다.

여기서, E : 교류 발전기 1박스 당의 유기기전력 실효값 (V)

　　　　Z : 1상당의 직렬 도체수 (가닥)

　　　　N : 로터의 회전수 (rpm)

　　　　ϕ : 1상당의 자속수 (Wb)

　　　　P : 자극수

　　　　$K\omega$: 권선계수

이 식으로 알 수 있듯이 설계가 결정되면 Z, P, $K\omega$는 정수가 되므로 위의 식은 다음과 같이 나타낼 수 있다.

$$E = K \cdot \phi \cdot N$$

즉 교류 발전기에서 발생하는 전압은 그 회전수 N과 자속수 ϕ에 비례하여 상승하므로 수차에 의해 수동되는 교류 발전기의 회전수는 항상 변화한다. 때문에 발생전압을 일정하게 유지하려면 필연적으로 계자자속 ϕ는 필드 코일 (로터 코일)에 흐르는 전류 I_f와 코일의 권수 곱 (암페어 턴)에 지배되므로 필드전류 I_f를 조정하면 된다.

실용상으로 필드 코일의 여자회로에 저항 (이 저항을 컨트롤 레지스턴스라고 한다)을 넣거나 뽑아내거나 하여 I_f를 변화시켜 발생전압을 일정하게 유지한다.

(2) 볼티지 레귤레이터의 종류

볼티지 레귤레이터의 종류로는 접점진동식과 트랜지스터식을 들 수 있으며, 현재 많이 사용되는 것은 2접점의 티릴식과 트랜지스터식이다.

```
볼티지        ┌ 접점진동식 (tirril type) ──────── 2접점식 (bosch type)
레귤레이터   ┤                                    ┌ 세미 트랜지스터식
              └ 트랜지스터식 (transister type) ┤
                                                   └ 풀 트랜지스터식
```

(3) 레귤레이터의 종류 및 작동

발전기와 결합하여 사용되는 레귤레이터는 전술한 바와 같이 전압을 조정하기 위한 볼티지 레귤레이터만으로 되지만 실제로는 이 밖에 볼티지 릴레이를 결합하여 사용하는 경우가 많으므로 두 엘리먼트로 되어 있다.

1·7 배터리

(1) 배터리의 기능

수차에서는 여러 종류의 전기장치를 사용하는 데 그것들을 작동시키기 위해서는 전기를 만들어 공급하는 장치가 필요하다. 수차가 어떤 회전수 이상으로 회전하고 있을 때는 충전장치가 작동하여 전기를 공급하지만 수차가 정지하여 있을 때나 저속으로 회전하고 있을 때는 충전장치에서가 아니라 배터리에서 전기를 공급한다. 배터리의 기능을 정리하면 다음과 같다.

  (a) 수차의 회전수가 낮고 충전장치의 능력이 부족한 때는 전류를 각 전기장치에 공급한다.

  (b) 수차 전기장치의 전기전압 안전장치 역할을 한다.

  (c) 전기장치로서의 작용에 여유가 있을 때는 전기를 축적하여 공급에 대비한다.

(2) 수차 발전장치용 배터리

배터리는 건전지처럼 이용에 따른 방전으로 그 기능을 다하는, 즉 다시 말해서 재충전기능이 없는 1차전지와 충전과 방전을 반복하는 기능을 가진 2차전지가 있으며, 수차의 발전장치용 배터리로는 2차

전지가 사용된다. 그리고 2차전지로는 알칼리 축전지와 납축전지가 있으며 수차의 발전장치용으로는 납축전지를 사용한다.

납축전지는 납을 주체로 한 극판과 묽은 황산을 사용한 전해액으로 구성되어 있다.

양극판	과산화 납 (PbO_2)
음극판	해면상 납 (Pb)
전해액	묽은 황산 (H_2SO_4)

(3) 배터리의 구조

배터리는 기본적으로 그림 1-26 (a)와 같은 구조로 되어 있다. 전해조 내부는 그림 1-26 (b)에 보인 바와 같이 작은 칸으로 구분되어 있으며, 작은 칸은 내부에서 커넥터로 직렬로 연결되어 있다. 이 작은 칸을 셀이라고 하며, 하나의 셀은 약 2 V의 전압을 가지고 있다. 보통 시판되는 배터리는 약 12 V의 전압을 가지고 있으므로 6개의 셀이 전해조 내부에 직렬로 연결되어 있다.

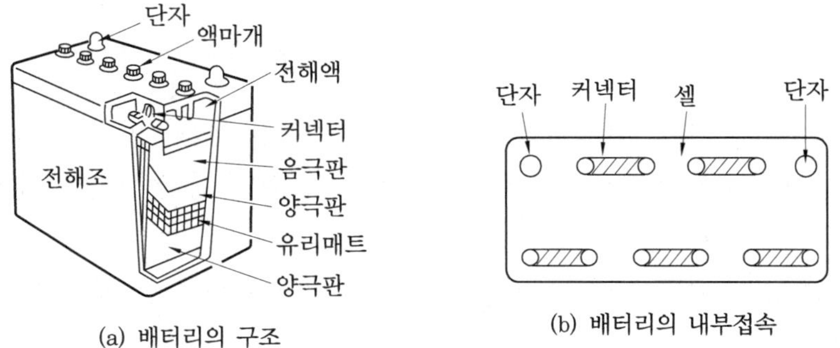

(a) 배터리의 구조

(b) 배터리의 내부접속

그림 1-26

(4) 배터리의 방전과 충전

배터리에 램프 따위의 전기장치 (부하)를 접속하면 배터리 내부의 화학작용으로 발생한 전류가 부하로 흘러 나간다. 이 현상을 배터리의 방전이라 하고, 방전 중인 배터리 내부에서는 양극판의 과산화납과 음극판의 해면상 납이 화학작용으로 황산납으로 변화한다.

이때 전해액은 극판의 화학변화와 더불어 액 중의 수소와 과산화납의 산소가 결합하여 물이 발생하고 농도가 묽어진다. 즉 배터리가 방전하면 전해액 중의 물이 증가하며 전해액 비중이 작아진다. 이 때문에 방전만을 계속하면 '배터리 전 방전상태'가 일어나게 된다.

이때의 화학반응식은 다음과 같다.

$$(\text{양극판 쪽})\ PbO_2+H_2SO_4 \rightarrow PbSO_4+H_2O+\frac{1}{2}O_2$$

$$(\text{음극판 쪽})\ Pb+H_2SO_4 \rightarrow PbSO_4+H_2$$

즉 전체로는 다음과 같이 된다.

$$\begin{array}{cccccc}
\text{양극판} & \text{음극판} & \text{전해약} & \text{양극판} & \text{물} & \text{음극판} \\
PbO_2 & +\ \ Pb & +\ \ 2H_2SO_4 \rightarrow & PbO_4 & +\ \ 2H_2O & +\ \ PbSO_4
\end{array}$$

다음에 배터리에 충전장치를 접속하면 충전장치에서 발생한 전류는 배터리 내부에서 화학작용을 일으켜 축적된다. 이 현상을 배터리의 충전이라 한다.

충전 중의 배터리 내부에서는 방전으로 인하여 황산납으로 변화한 양극판과 음극판 중에서, 양극판은 과산화납, 음극판은 해면상 납으로 각각 환원한다.

이때 전해액은 극판의 화학작용에 따라 극판에서 방출된 황산분에 의해 물이 감소하고 농도가 짙어져 비중이 회복된다. 또 이때의 화학반응은 방전과는 역으로 된다.

이렇게 하여 배터리는 충전장치와 결합하여 사용함으로써 방전, 충전을 반복하여 적정한 전해액 비중을 유지하고, 안정된 전원 전압을 공급할 수 있다. 즉 비중은 배터리의 충전량을 나타내는 가늠자가 된다. 참고로, 비중(比重)이란 어떤 물질의 무게가 같은 용량의 물 무게의 몇 배에 해당하는가를 나타내는 수치를 이른다.

배터리의 전해액은 20℃에서의 비중 1.26~1.29의 것을 사용하고 있다.

(5) 배터리의 자기방전

배터리는 충전함으로써 전기에너지를 축적할 수 있지만 축적한 상태를 오랜시간 방치해 두면 부하에 전기를 공급하지 않더라도 자연적으로 축적한 전기가 상실된다. 이것을 배터리의 자기방전이라 한다. 자기방전이 일어나는 원인을 몇 가지 들면 다음과 같다.

(a) 음극판의 해면상 납이 전해액의 묽은 황산과 직접 반응하여 점차 황산납이 된다.

(b) 전해액과 극판 각부의 온도차와 농도차로 인해 일어난다.

(c) 배터리 안의 양극판의 접촉으로 인한 내부단락으로 일어난다.

또 배터리의 자기방전은 온도에 좌우되며, 온도가 높아질수록 자기방전량이 많아진다. 따라서 장시간 배터리를 사용하지 않을 때는 바람이 잘 통하는 그늘진(온도가 낮은) 곳에 보관하는 것이 바람직하다.

(6) MF 배터리

납축전지는 전해액의 누출, 산무(酸霧)의 발생으로 다른 전기기기를 부식시키기도 하고, 의류와 피부 등의 손상, 혹은 축전지에 대한 보충수의 필요성, 방전 중의 자기방전 촉진으로 인한 전지의 급격한

열화 등 사용자에게 매우 번거로운 점이 많았다.

그래서 이러한 결점들을 개선한 MF 배터리(maintenance free)라는 밀폐형 전지가 사용되기 시작했다.

MF 배터리의 장점은 다음과 같다.

(a) 액을 보충하지 않아도 된다.

(b) 자기방전이 적고, 보존성이 뛰어나다.

(7) 배터리의 규격

배터리의 시방을 나타내는 형식 기호 및 용량 표시는 KS에 의해 규격화되어 있다.

㈎ 배터리의 형식

배터리에 표시되어 있는 형식 기호는 다음과 같은 의미가 있다.

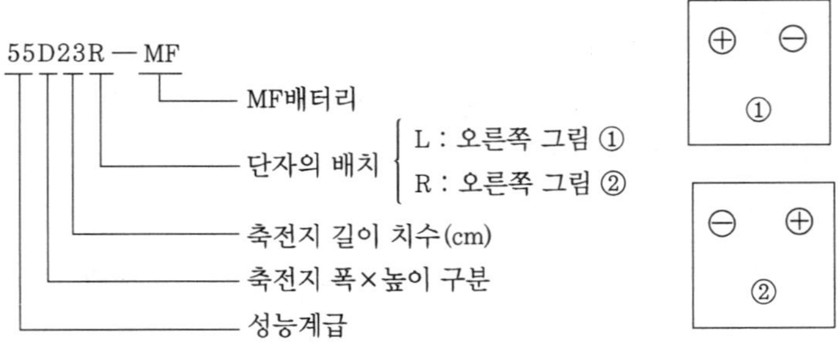

그림 1-27 **배터리의 규격 표시**

㈏ 배터리의 용량

배터리의 방전능력은 용량으로 표시된다. 일반적으로 배터리 용량은 5시간율 용량으로 표시하며, 방전 중인 단자전압이 방전종지전압(배터리의 기전력을 공급함에 있어 이 이상 방전해서는 안 된다는 일정한 한계전압)에 이르기까지 어느 정도 방전할 수 있는가를 5시간을 기준으로 표시한다. 즉 5시간이면 이 방전종지전압에 이르도록 한 경우에, 얼마만큼 계속 전류를 흘릴 수 있느냐를 표시하고 있다.

5시간율 용량은 다음 식으로 나타내며 단위는 암페어 아워(A·h)이다.

$$5시간율 용량 \ A·h = 방전전류 \ A × 5h$$

예를 들면 40암페어 아워의 5시간율 용량을 가진 배터리는 8암페어의 전류를 계속 방전하면 5시간이면 방전종지전압에 이른다. 배터리 용량은 시간율이 짧아질수록 같은 배터리일지라도 용량이 작아진다.

제 2 장
소수력 발전

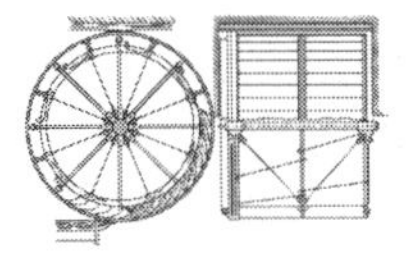

댐(dam) 역시 하나의 저수지이다. 농업용 관개수나 공업용수, 또는 도시의 식수원을 확보하기 위해 건설된 댐과 대부분의 대형 댐들은 물을 저장하고 그 위치에너지를 이용하여 발전을 하고 있다. 또 댐을 건설함으로써 강 하류의 홍수를 막는 효과도 거둔다.

댐은 하천 상류의 계곡이나 골짜기를 콘크리트나 암석으로 가로막아 축조하며, 그 곳에 저수된 물을 터널수로나 압력철관 등을 통하여 아래쪽 낮은 곳에 건설된 수력 발전소로 물길을 떨어뜨려 이때 얻어지는 에너지를 이용하여 발전한다.

발전소에서 생산된 전기는 변전소를 거쳐 손실을 감소시키기 위한 고압으로 송전선을 통해 여러 수용지로 송전된다. 각 가정 등에는 배전용 변압기를 통하여 다시 낮은 전압으로 감압되어 공급된다.

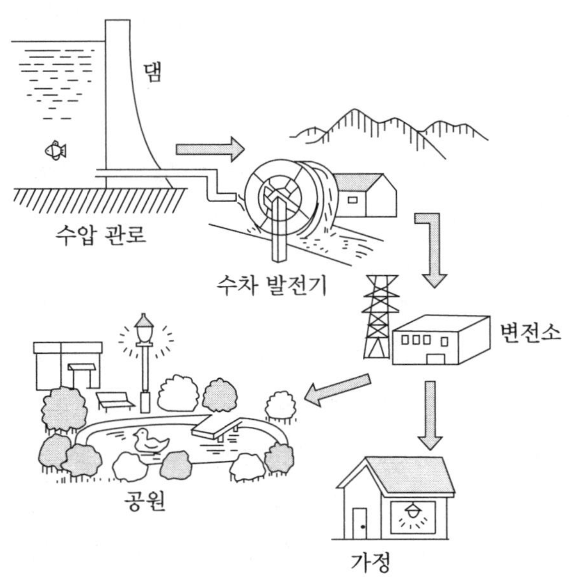

그림 2-1 **댐 발전**

2·1 　수력 발전에 필요한 기초 지식과 기본적인 에너지 식

(1) 수력 발전에 필요한 지식

수력 발전과 관련하여 먼저 알아두어야 할 용어와 간단한 해설을 기술하겠다.

발전소출력 : 발전소의 전기 발생능력을 킬로와트 (kW) 수로 표시한 것으로, 최대출력을 나타낸다.

최대출력 : 해당 발전소에서 발생할 수 있는 최대 발전소출력을 일컫는다.

상시출력 : 1년을 통하여 상시 발생할 수 있는 발전소출력을 이른다.

상시 첨두출력 : 1년을 통하여 매일 정시간에 한하여 발생할 수 있는 발전소출력을 이른다.

발전역량 : 발전력은 1초간에 발생하는 전력의 크기로, T시간 발생한 때의 일량을 발전역량 (發電力量) 또는 발전 전력량이라고 한다. 단위는 킬로와트/시 (kWh)로 표시한다.

최대 사용수량 : 발전소에서 사용하는 최대 수량 (水量)을 이른다 (최대 출력은 이 최대 사용수량에 의해서 결정된다).

상시 사용수량 : 1년 동안을 통하여 상시 (유입식에서는 355일, 저수지식에서는 365일) 사용 가능한 수량으로, 일반적으로는 갈수량에서 관개, 어업 등의 수리사업에 방류해야 할 수량을 공제한 것이다.

상시 첨두 사용수량 : 상시 사용수량을 조정지에서 조정하여 매일 피크 첨두 때에 일정시간 사용할 수 있는 수량을 이른다 (상시 첨두출력은 이 수치에 의해서 결정된다).

총낙차 : 취수구의 수위와 방수로 입구 수위의 고저 (高低) 차를 이른다.

손실낙차 : 물이 흘러 내림에 따라 발생하는 수위차를 이른다.

손실수두 : 물이 흘러 내림에 따라 소모되는 수력을 높이로 나타낸 것이다.

유효낙차 : 수차에 유효하게 작용하는 낙차를 이르는 것으로, 총낙차-(손실낙차 + 손실수두)

전수비 (電水比) : 발전력과 그에 상응하는 사용량의 비율을 이르는 것으로, kW/nf/s로 나타낸다.

설비이용률 : 연간 발전 전력량과 최대설비가 1년간 운전한 경우에 발생이 기대되는 전력량의 비율을 말한다.

저수지 : 하천의 유량 변화와 전력부하의 변동은 연간을 통하여 각각 독립된 동향을 나타내며 일반적으로 겨울철의 중부하 때에 하천은 갈수하고, 경부하 때에는 풍족한 수위를 나타낸다. 다만 자연적인 하천유량에 의존하여 발전하는 경우에는 하천에 따라서는 발전 전력량이 급증하여 불안정하게 되므로 풍수기에는 물을 저장하고 갈수기에는 이 물을 사용하여 수량을 증가시킴으로써 연간을 통하여 평균된 전력을 얻도록 한다. 이처럼 계절적인 유량의 과부족을 조정하는 못을 저수지라 한다.

조정지 : 전력부하는 하루 혹은 1주일 사이에 현저하게 변동하는데 반하여 하천의 유량은 이 기간 거의 일정하다. 그래서 야간이나 일요일 같은 경부하 때에 유량을 비축하고 그것을 첨두부하 때에 사용해서 1일간 또는 1주일간의 유량을 조정하는 못을 조정지라 한다. 일반적으로는 다음 세 가지 조건에 만족하는 것을 저수지로 간주하고, 만족시키지 못하는 것을 조정지로 간주한다.

연간 총유입량을 R [m³/sec/day], 유효 저수량을 V [m³/sec/day], 발전소 최대 사용수량을 Q [m³/sec]로 할 때

$$\text{조정률} \quad \frac{V}{R} \times 100 \geqq 20\,\%$$

$$\text{보급률} \quad \frac{Q \cdot 100}{R \cdot 365} \geqq 150 \%$$

$$\text{보급지속수} \quad \frac{V}{Q} = 30 \text{ day}$$

따라서 못의 용량이 클지라도 유역면적이 넓고 하천 유량이 크다면 충분한 조절을 할 수 없으므로 조정지에 불과하다. 저수지라면 조정지의 성능을 함께 발휘할 수 있다.

(2) 기본적인 에너지 식

수차를 다룰 때는 언제나 그 출력이 문제가 된다. 따라서 우선 그 첫 걸음으로 에너지 식을 설명하겠다. 현재 공학의 기본으로 에너지 불변의 법칙이 있으며 여기서도 그 법칙을 기본으로 한다. 그럼 수차의 출력을 계산해 보자.

들어오는 에너지 (E_{in})와 나가는 에너지 (E_{out})+이용되는 에너지 (E_u)는 일치할 것이다.

$$E_{in} = E_{out} + E_u$$

다음에 베르누이의 정리에 따라, 유체에서 위의 에너지 밸런스식은 다음과 같이 된다(이후의 설명관계상 각 에너지를 수두(水頭)로 대치하여 기록한다).

속도수두 in+압력수두 in+위치수두 in

=속도수두 out+압력수두 out+위치수두 out

개방주류형 수차의 효율 산출법에 관해서는 수차가 개수로에 직접 설치되는 조건을 고려하여 다음과 같이 유효낙차, 유량을 정의하여 산출하는 것으로 하였다.

전수두의 차 H_A는

$$H_A = \left(h_1 + \frac{\rho}{r} + m\frac{V_{21}}{2g}\right) - \left(h_2 + \frac{\rho}{r} + \frac{V_{22}}{2g}\right) \quad\cdots\cdots\cdots\cdots (2.1)$$

로 된다. 단, (2.1)식에서 벽면과 물의 마찰은 미소하므로 마찰손실은 무시한다. 또 압력수두 $\frac{\rho}{r}$ 은 개수로(開水路)의 경우 상류쪽 및 하류쪽은 동일하다. 따라서 (2.1)식은

$$H_A = \left(h_1 + \frac{V_{21}}{2g}\right) - \left(h_2 + \frac{V_{22}}{2g}\right) \quad\cdots\cdots\cdots\cdots\cdots\cdots\cdots (2.2)$$

가 된다. 즉, 수차 운전에 이용되는 H_A 를 개방주류형 수차의 유효낙차로 정의한다. 한편 유량은 개수로에 흐르는 전유량 중, 수차의 런너 안을 통과하는 유량 Q_0 을 효율 산출의 기준수량으로 한다.

유효낙차 H_A [m], 수차의 런너 안을 통과하는 물의 유량을 기준유량 Q_0 [m³/s]로 정하면 수차의 이론출력 L_w [kW]는

$$L_w = 9.8 \cdot Q_0 \cdot H_A \quad\cdots\cdots\cdots\cdots\cdots\cdots\cdots\cdots (2.3)$$

으로 되고, 또 수차의 축출력을 L [kW]로 하면 그 때의 수차효율 η 는

$$\eta = \frac{L}{L_w} \times 100 \,\% \quad\cdots\cdots\cdots\cdots\cdots\cdots\cdots\cdots (2.4)$$

로 산출할 수 있다. 여기서 수차효율 η 는 수차의 기계효율 η_m 와 수력효율 η_h 의 합성효율이다.

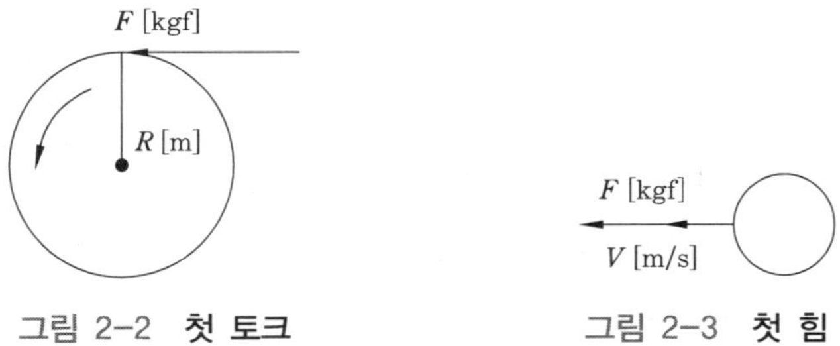

그림 2-2 **첫 토크**   그림 2-3 **첫 힘**

다음은 토크 T에 관해서 고찰해 보자. 토크는 힘을 팔의 길이에 곱한 것이다.

$$T = F \cdot R \, [\text{kgf} \cdot \text{m}] \quad \cdots\cdots (2.5)$$

또 동력 P는 어떤 하중의 것을 단위 시간당 얼마만큼 일을 시킬 수 있는가를 나타낸다.

$$P = \frac{F \cdot V}{100} \, [\text{kW}] \quad \cdots\cdots (2.6)$$

동력 P와 토크 T, 그리고 회전수 N의 관계는

$$P = \frac{N \cdot T}{975} \, [\text{kW}] \quad \cdots\cdots (2.7)$$

$$T = \frac{975 \cdot P}{N} \, [\text{kgf} \cdot \text{m}] \quad \cdots\cdots (2.8)$$

여기서 단위계에 관하여 정리를 하면, 먼저 힘의 단위는 N (뉴턴)이지만 습관화가 되지 않은 사람들을 위해 kgf (킬로그램중량)을 사용했다.

$$1 \, \text{kgf} = 1 \, \text{kg} \times 9.8 \, \text{m/s}^2 = 9.8 \, \text{N} \quad \cdots\cdots (2.9)$$

일 혹은 에너지의 단위로는 J (줄)을 사용했다.

$$1 \, \text{J} = 1 \, \text{N} \cdot \text{m} = 1 \, \text{kg} \cdot \text{m/s}^2 \cdot \text{m} \quad \cdots\cdots (2.10)$$

$$1\,\mathrm{J}=1\,\mathrm{N}\cdot\mathrm{m}=\frac{1}{9.8}\,\mathrm{kgf}\cdot\mathrm{m}=0.102\,\mathrm{kgf}\cdot\mathrm{m} \quad\cdots\cdots\cdots (2.11)$$

(2.11)식을 보면 (2.6)식에서 왜 분모에 100이 있는지 알 수 있다. 여기서,

$$1\,\mathrm{W}=1\,\mathrm{J/s} \quad\cdots\cdots\cdots\cdots\cdots\cdots\cdots\cdots\cdots\cdots (2.12)$$

$$1\,\mathrm{kWh}=3.6\times10^{6}\,\mathrm{J} \quad\cdots\cdots\cdots\cdots\cdots\cdots (2.13)$$

$$1\,\mathrm{cal}\fallingdotseq4.2\,\mathrm{J} \quad\cdots\cdots\cdots\cdots\cdots\cdots\cdots (2.14)$$

단, cal은 예전부터 사용했던 단위이다. 또 HP(마력)는

$$1\,\mathrm{HP}=746\,\mathrm{W} \quad\cdots\cdots\cdots\cdots\cdots\cdots\cdots\cdots (2.15)$$

2·2 소수력 발전의 특징

지구 표면의 약 4분의 3은 물로 덮여 있다. 이 물은 태양열에 의해 증발하여 수증기가 되고, 바람에 의해서 서늘한 곳으로 옮겨진 수증기는 냉각되어 비가 된다. 그리고 지상에 떨어진 비는 하천을 거쳐 바다로 돌아온다. 물의 경로는 지구의 닫힌 계 안에 있지만 물의 순환을 초래하는 에너지는 계(系) 밖에서 주어지는 태양열이다.

순환은 되풀이되며 지속 가능한 에너지가 되어 각 지방으로 확산되고, 공장과 생활용 전력으로 변환되어 사회활동을 뒷받침한다.

이 책에서 다루는 소수력 발전은 다음과 같은 특징을 가지고 있다.

(a) 청정한 에너지이므로 CO_2 등 지구 온난화의 요인이 되는 가스를 배출하지 않는다.

(b) 수자원이 풍부하고 유량이 일정하다면 안정된 발전 출력을 얻을 수 있다.

(c) 대형 설비를 요하지 않으므로 공사를 단기간에 끝낼 수 있고 유지 관리도 용이하다.

(d) 하천이나 용수로에 직접 설치할 수 있고 주변 생태계에 미치는 영향이 극소하며, 낮은 코스트로 친환경적인 발전소를 건설할 수 있다.

(e) 수용가 가까운 곳에서 발전할 수 있을 뿐만 아니라 동력(원동기)으로도 이용할 수 있다.

(f) 갈수기와 수위가 높은 기간(高水位期)에는 발전이 불가능할 수 있다.

(g) 발전한 전기를 지역발전이나 각종 사업에 이용함으로써 지역의 활성화에 기여할 수 있다.

(h) 기존의 농업용 수리시설이나 상하수도 시설 등을 이용할 수 있으므로 발생전력에 의한 시설의 유지·관리비를 경감할 수 있다.

그러나 소수력 발전소를 건설하려고 하면 하천법과 전기사업법 등의 규제, 지방자치단체와 일반 시민의 소수력 발전에 대한 인식 부족 등 어려움이 산적한 것이 현실이다.

또 막상 소수력 발전을 하려고 하면 여러 가지 문제점에 부딪히게 된다. 수리권(水利權)과 수리이용자 간의 조정, 수로 안의 설치물 규제, 전기사업에 관한 규제 등 온갖 규제에 모두 대응해야 한다.

발전한 장소에서 어느 정도의 유량과 낙차가 있어야 하는지, 하천법과 수리권은 무엇을 어떻게 규제하고 있는지, 수차와 발전기는 어떻게 선정하며 발전한 전기는 어디에(전등, 냉장고 등) 사용해야 하는지 등 일반인이 자택 가까이에 수력 발전을 시작하려 해도 부딪히게 되는 여러 가지 난제 때문에 손을 들고 포기하는 사례가 외국에서도 많다.

따라서 여기서는 낙차가 별로 없는 유량에서 전기를 만들어내기까지의 방법(발전이 가능한 장소, 하천법, 수차, 증속기, 발전기 등)을 간단하게 설명하겠다.

2·3   소수력 발전 방식

　일반적으로 수력 발전은 발전하는 장소에서 멀리 떨어진 상류에 댐을 건설하여 물의 위치에너지와 수압관로에 의해서 얻어진 압력과 속도수두(유속)의 힘으로 터빈(수차)을 돌려 발전하게 되므로 발전에 적용할 수 있는 수차(水車)의 종류도 다양하다.

　그러나 소수력 발전은 낙차가 10 m 전후에서 수십 cm, 유량은 0.01~0.1 m³/s 정도의 유수를 사용하여 발전하기 때문에 이에 적합한 수차와 발전기 등은 모두 특별 주문이나 시작(試作)제품이기 일쑤이므로 시행착오를 거듭하며 선택하는 사례가 비일비재하다. 또 소수력 발전은 댐을 이용하지 않는 발전시스템이므로 유수의 취수방식에 따라 다음과 같이 분류된다.

(1) 용수로식

　낙차가 수십 cm 정도인 용수로를 이용하는 경우에는 용수로 내에 보를 쌓아 밑돌림 수차를 설치함으로써 유수(流水)의 이동과 보에 의한 낙차로 수차를 회전시키므로 얻어지는 회전수는 5~10 rpm의 초저속이 된다. 그러므로 시판되는 발전기의 회전수(500~1500 rpm)에 적합하게 하기 위해서는 벨트나 치차 등으로 회전수를 증속시키는 장치가 필요하다.

　그러나 증속장치를 사용하게 되면 장치 자신이 수차에 대하여 큰 동력부하로 가중되기 때문에 수차에는 높은 축토크가 요구되어 지름이 큰 수차를 필요로 하게 된다.

(2) 단차식

작은 하천이나 지류 등에 보나 제방을 쌓아 1~2 m의 단차 (段差)를 얻는 경우 그림 2-4에 보인 바와 같이 위쪽에 유입구를 마련하여 유수를 터빈실 (수차)로 유도하고, 출구에서 끌어낼 때 발생하는 압력에 의해서 가속된 유수가 터빈 블레이드를 관류할 때 고속 회전함에 따라 직결된 발전기도 고속 회전하므로 증속장치를 필요로 하지 않는다.

그림 2-4 단차식의 예

(3) 저수식

작은 하천이나 지류에서 도수로를 통하여 물을 끌어들여 저수조에 비축한 물의 무게와 수압 및 위치에너지에 의해서 터빈을 회전시키는 발전방식으로, 저수조의 수압과 위치에너지에 의해서 얻어진 유속이 터빈 블레이드를 치고 지나가는 반동력으로 터빈을 회전시켜 직결된 발전기를 회전시킨다.

저수조의 높이와 용적, 유입구와 배수구의 낙차 등에 의해서 증속 장치의 증속비는 약 50~80배로 변화한다.

(4) 소수력 발전 영역

소수력 발전은 발전출력의 규모에 따라 대략 다음 표 2-1과 같이 분류할 수 있다.

표 2-1 발전출력의 규모에 따른 분류

대수력 발전	100000 kW 이상
중수력 발전	10000～100000 kW
소수력 발전	1000～10000 kW
미니 수력 발전	100～1000 kW
마이크로 수력 발전	100 kW 이하

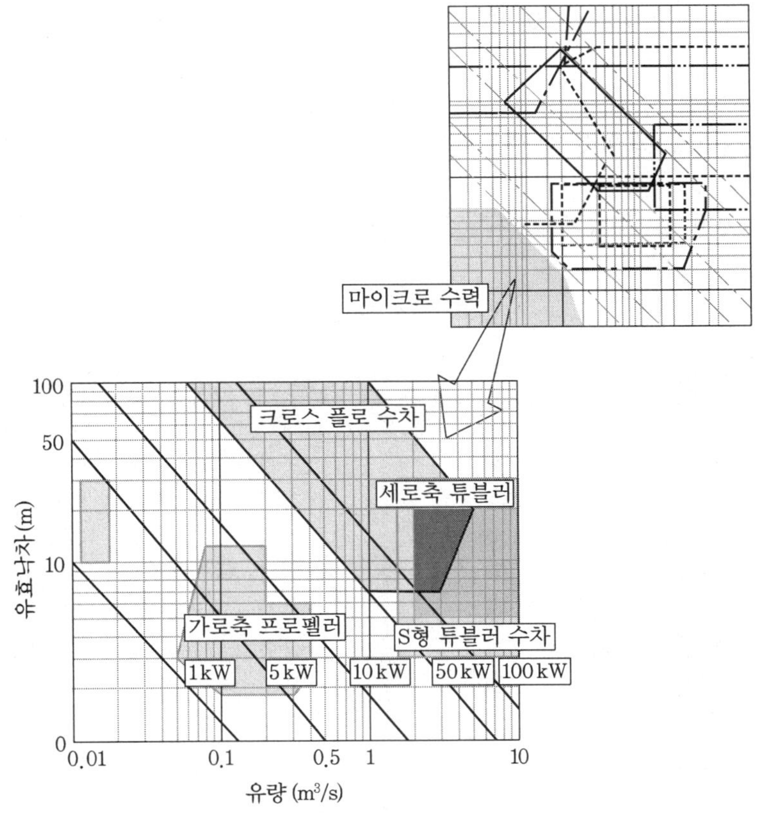

그림 2-5 수차에 대한 낙차와 유량 관계

그림 2-5는 낙차와 유량으로부터 획득할 수 있는 발전출력을 지표로 나타낸 것이다. 그림의 오른쪽 위의 도면은 발전출력이 10000 kW 이상인 경우의 낙차와 유량의 관계를 살펴본 것이다. 소수력 발전은 마이크로 수력으로 되어 있는 부분을 확대해야만 겨우 볼 수 있을 정도의 좁은 범위에 있다.

낙차가 50 m 전후, 유량을 $1\,m^3/s$ 이상 획득할 수 있는 경우는 크로스 플로 수차를 적용할 수 있지만, 낙차가 5~10 m, 유량이 0.1~0.05 m^3/s 정도이면 가로축 프로펠러 수차가 가장 적합하다.

낙차와 유량이 보다 적은 경우는 위돌림 수차나 밑돌림 수차가 가장 적합하지만 얻어지는 수차의 회전수는 5~10 rpm으로 회전수가 낮기 때문에 100~300배로 증속해야만 발전기를 돌릴 수 있다.

(5) 소수력 발전의 발전출력

2010년 말 현재 우리나라의 소수력 발전소 현황은 표 2-2와 같다.

표 2-2 **우리나라의 소수력 발전소 현황**

발전소	용량 [kW]	발전소	용량 [kW]
포천	2970	대아	3000
임기	1100	정선	1920
동진	2000	경천	800
방우리	2120	반변	1060
소천	2400	보령	701
덕송	2000	부안	193
단양	2100	성주	1800
영월	2800	운문	330
금강	1350	횡성	1000
봉화	2000	안흥	450
산내	820	영천	1000
광천	450	밀양	500

소수력 발전의 발전출력은 대체로 낙차와 유량에 의해서 결정되므로 소수력 발전소 설치장소의 낙차 [m], 유량 [m³/s] 및 유속 [m/s] 등을 사전에 측정하거나 혹은 자료 등을 참고로 조사해야 한다.

낙차와 유량, 유속의 측정방법과 측정기구 등에 대하여서도 조사가 필요하다. 이하 유량과 유속 등의 측정방법에 대하여 간단하게 기술하겠다.

(6) 유량과 유속 측정

그림 2-6에 보인 바와 같이 하천에서 갈라져 지류(支流)로 흐르고, 지류에서 다시 갈라져 농업용 수로로 흐르는 유수는 일년을 통해서 볼 때 크게 변화한다. 특히 농업용 수로에서는 농번기와 농한기에 따라 용수로의 유수의 높이와 유량이 큰 차이가 있으므로 계절별 유량을 알아둘 필요가 있다 (그림 2-7).

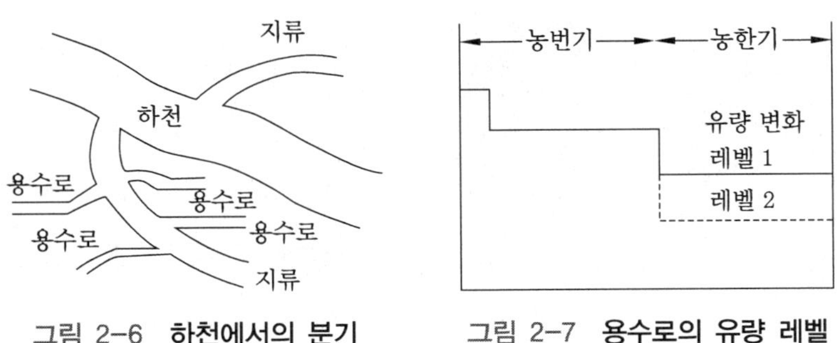

그림 2-6 **하천에서의 분기**　　그림 2-7 **용수로의 유량 레벨**

최근에는 지구 온난화의 영향으로 때 없이 내리는 호우도 예상할 수 있으므로 농한기에도 유수가 늘어나는 경우가 있다. 지류와 용수로 등의 유량을 측정하기 위해서는 용적법과 양수적법 (量水積法), 부자법 (浮子法) 및 유속계를 사용하여 측정하는 방법이 있다. 여기서는 유속계를 사용하여 하천의 단면적과 유속을 측정함으로써 유량 및 낙차를 구하는 방법에 관하여 기술하겠다.

(a) 전기식   (b) 프로펠러식

그림 2-8   **유속계의 종류**

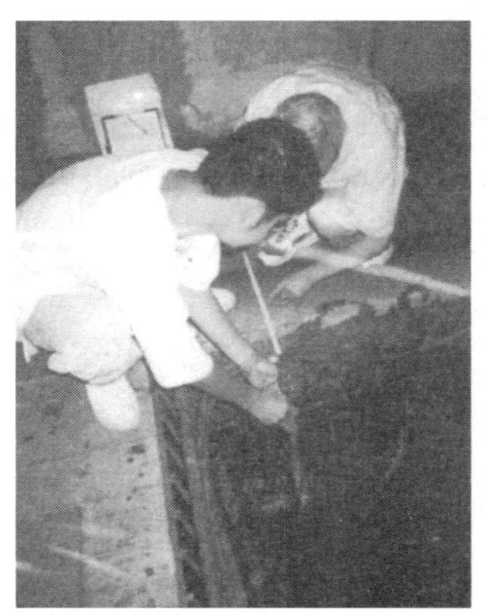

그림 2-9   **프로펠러식 유속계를 사용하여 측정하는 모습**

유속계는 그림 2-8 (a)에 보인 전기식과 프로펠러 계수식 (b) 및 전자기식 등이 있다. 측정방법의 포인트는 설치장소에서 수십 m 이내의 유수가 거의 직선으로 흐르고 하천의 폭과 수심, 구배가 가급적 평탄한 곳을 택하여 측정하면 신빙할만한 측정을 할 수 있다. 그림 2-9는 프로펠러식 유속계를 사용하여 실측하는 모습을 보여주고 있다.

(7) 발전출력

물은 중력의 작용으로 높은 곳에서 낮은 곳으로 흘러 떨어진다. 수력 발전은 이 흐름을 직접 혹은 도수관으로 유도하여 수차를 회전시키고, 그 회전력으로 발전기를 돌려 전기를 생산한다. 이 경우 낙차가 높을수록, 그리고 유량이 많을수록 많은 발전출력 P [kW]를 얻을 수 있다.

$$P\,[\text{kW}] = g\,(\text{중력}:9.8\,\text{m/s}^2) \times h\,(\text{유효낙차 m})$$
$$\times Q\,(\text{유량 m}^3/\text{s}) \quad\cdots\cdots\cdots (2.16)$$

식 (2.16)은 1초당 발전출력을 나타내므로 t시간 후의 전력량은

$$P = g \times h \times Q \times t\ [\text{kWh}] \quad\cdots\cdots\cdots (2.17)$$

가 된다. 여기서 수차 및 발전기의 손실을 고려한 변환효율은 각각 수차를 η_n, 발전기를 η_g로 하였을 때 얻어지는 발전출력 P [kW]는 식 (2.18)과 같이 된다.

$$P = g \times h \times Q \times \text{효율 (수차 } \eta_t,\ \text{발전기 } \eta_g)\ [\text{kW}] \quad\cdots (2.18)$$

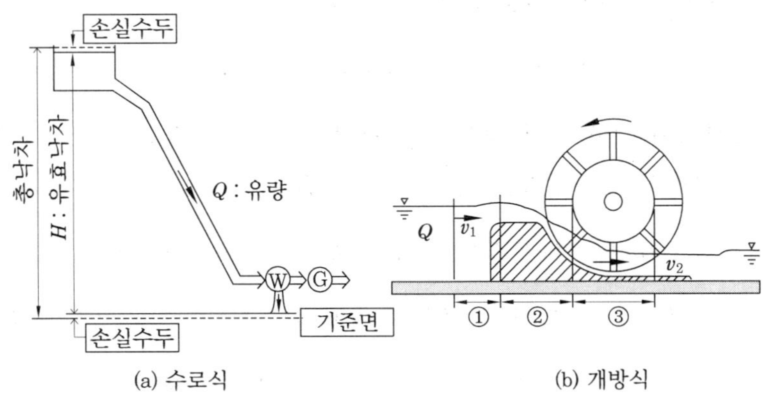

그림 2-10 **발전방식**

여기서는 그림 2-10에 보인 수로식 (a) 및 개방식 (b)을 예로 발전

출력을 구해보자. 먼저 (a)의 발전출력은 다음과 같이 된다.

지금 유효낙차가 2 m이고 유량이 $0.1\,\text{m}^3/\text{s}$인 장소의 발전출력 P는 수차효율을 0.75, 발전기효율을 0.8이라 가정하면,

$$P=9.8\times2\times0.1\times0.75\times0.8=1.176\ \text{kW} \quad\cdots\cdots\cdots\cdots (2.19)$$

가 된다. 또 (b)의 경우 유량이 $0.1\,\text{m}^3/\text{s}$, 유속 $v=2\,\text{m/s}$인 용수로에서 낙차를 거의 얻을 수 없다고 가정한다. 여기서 간이식을 이용하여 낙차를 구하면 식 (2.20)이 된다.

$$h=\frac{v^2}{2g}=\frac{2^2}{2}\times9.8 \fallingdotseq 0.2\ \text{m} \quad\cdots\cdots\cdots\cdots\cdots\cdots (2.20)$$

낙차가 약 0.2 m가 되므로 발전출력 P는 수차효율을 0.75 %, 발전기효율을 0.8 %로 가정하면

$$P=9.8\times0.2\times0.1\times0.75\times0.8=0.118\ \text{kW}=118\ \text{W} \quad (2.21)$$

로 되어 낙차가 작고 유량이 적은 용수로에서는 발전출력도 크게 떨어지게 된다.

얻어진 발전출력 P에 수차가 유수에 의해서 회전한 시간 t를 곱함으로써 발전 전력량(kWh)을 얻을 수 있다.

$$\text{전력량}=P\times t\ [\text{kWh}] \quad\cdots\cdots\cdots\cdots\cdots\cdots (2.22)$$

여기서 (a), (b)가 다 같이 1일(24시간) 운전한 경우의 발전 전력량을 계산하면 식 (2.23), 식 (2.24)가 된다.

$$1.176\ \text{kW}\times24\text{시간}=28.224\ \text{kWh/일} \quad\cdots\cdots\cdots\cdots (2.23)$$

$$0.118\ \text{kW}\times24\text{시간}=2.832\ \text{kWh/일} \quad\cdots\cdots\cdots\cdots (2.24)$$

낙차가 $\frac{1}{10}$ 차이가 날 때 하루의 발전 전력량은 약 10배의 차이가 난다. 이와 같은 사실로도 수력 발전을 용수로 등에 설치하는 경우에는 낙차 측정이 중요하다는 것을 새삼 느낄 수 있다.

여기서 태양광 발전 시스템의 하루 발전 전력량과 비교하여 보면, 개인주택에 3 kW 시스템을 설치한 경우 하루의 발전 전력량은 식 (2.25)가 된다.

$$\frac{3\,\text{kW} \times 3.91 \times 0.8}{1\,\text{kW/m}^2} = 9.384\ \text{kWh/일} \quad\cdots\cdots\cdots\cdots (2.25)$$

여기서, 3.91 : 1일 평균 집광면 일사량 $[\text{kWh/m}^2 \cdot \text{일}]$
$1\,\text{kW/m}^2$: $1\,\text{m}^2$당의 태양광 강도
0.8 : 종합계수

(a)의 수로식에서 소수력 발전의 발전 전력량은 3 kW인 태양광 발전에 대하여 오랜 시간(하루 24시간) 동안 발전할 수 있기 때문에 약 3배 강한 발전 전력량을 얻을 수 있다.

표 2-3은 발전출력에 대한 수차효율 및 발전기 효율의 대략적인 값을 표시한 것으로, 발전출력에 비례하여 약간씩 높아지는 경향이 있다.

표 2-3 수차 및 발전기의 효율

출력 [kW] \ 효율 [%]	수차효율 η_t	발전효율 η_g
2~50 정도	70~73	85
500 정도	80~84	91
1000 정도	82~85	92
2000 정도	83~86	94
5000 정도	84~87	95

(8) 수량(水量) 측정

수차로 유입하는 수량은 도수로의 단면적과 그에 직각인 방향의 유속의 곱으로 계산되므로 도수로가 어떤 구간에 걸쳐 직선이고 흐름이 거의 일정하다고 볼 수 있는 지점을 수량을 측정하는 단면으로 선정하여, 그 단면 형상과 그 곳의 유속을 측정함으로써 구할 수 있다. 이

단면상의 도수로 가로방향으로 수평 및 직각방향으로 계측기구를 가동할 수 있는 미동장치를 설치하고, 이 장치의 둥근 막대 끝을 뾰족하게 다듬은 포인트 게이지를 장치하여 수평방향으로 이동시킴으로써 수로 폭을 측정한다.

다음에 수로 폭 B[m]를 m등분하여 폭 $\dfrac{B}{m}$[m]의 분할수로를 가상하고, 이 각 분할수로의 직각 중심선 위치에 포인트 게이지를 이동시켜 각 위치의 수심 D_i[m]를 측정하여 수로 단면의 형상을 그림 2-11과 같이 결정한다.

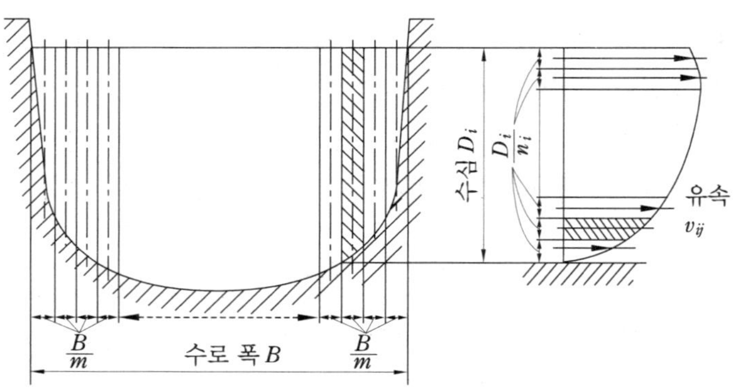

그림 2-11 **수로의 단면 형상과 수량 측정법**

다음에 각 분할수로에서 수심 D_i[m]를 n_i 등분하여 폭 $\dfrac{B}{m}$[m], 높이 $\dfrac{D_i}{n_i}$[m]의 장방형 분할단면을 가상하고, 그 단면 중심의 흐름의 유속 v_{ij}[m/s]를 다음에 기술하는 방법으로 구한다. 이로써 $\dfrac{B}{m} \times \dfrac{D_i}{n_i}$[m²]의 단면적과 유속 v_{ij}[m/s]의 곱에 의해서 분할단면에서의 수량을 계산할 수 있으며, 이것을 측정단면에 걸쳐 모아 합치면 도수로의 수량 Q를 산출할 수 있다.

즉, 수량 Q는

$$Q = \frac{B}{m} \sum_{i=1}^{m} \sum_{j=1}^{n} \frac{D_i}{n_i} v_{ij} \quad \cdots\cdots (2.26)$$

로 나타낸다. 또 사염화탄소의 밀도 ρ'는 상온에서 1590 kg/m³로 간주하면 된다.

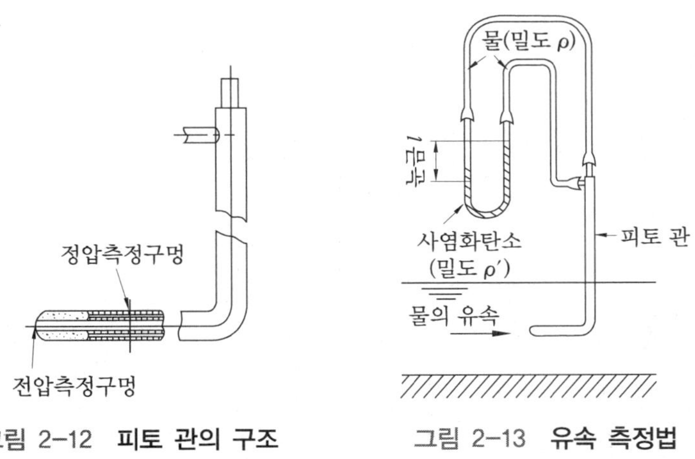

그림 2-12 **피토 관의 구조** 그림 2-13 **유속 측정법**

유속 측정은 그림 2-12의 피토 관(pitot tube)을 수류방향에 돌려 이동장치에 설치하고 그림 2-13과 같이 그 다리쪽을 사염화탄소가 들어 있는 U자관 마노미터(manometer)에 연결하여 그 수치로부터 산출할 수 있다. 지금 그림 2-13과 같이 측정부의 유속 v_{ij} [m/s]는 마노미터의 눈금을 l [m], 물 및 사염화탄소의 밀도를 각각 ρ 및 ρ' [kg/m³], 중력가속도를 g [m/s²]라 하면

$$v_{ij} = \sqrt{2gl\left(\frac{\rho'}{\rho} - 1\right)} \quad \cdots\cdots (2.27)$$

로 주어진다. 또 사염화탄소의 밀도 ρ'는 상온에서 1590 kg/m³로 간주하면 된다.

폭이 0.5 m 이상인 장방형 단면 형상의 도수로가 어떤 구간에 걸쳐

직선이라면 도수로 장축에 직각으로 그림 2-14와 같은 단면을 가진
차단판을 설치하여 흐름을 가로 막고, 그 판을 넘쳐 흐르는 물의 유
량을 구할 수 있다.

이와 같은 유량계를 보(weir)라 하며, 보는 그 형상에 따라 그림
2-14 (a)의 직각3각보, (b)의 4각보, (c)의 전폭보가 있다.

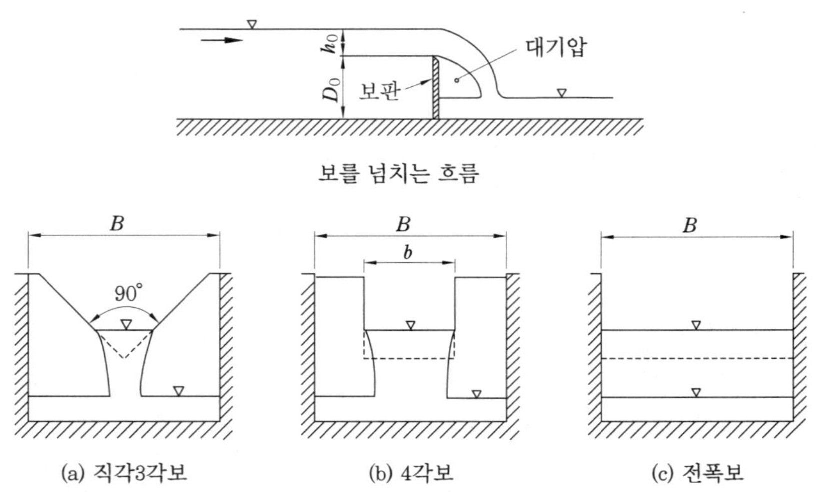

그림 2-14 **보를 넘치는 흐름**

직각3각 막음에는 수로 폭 B[m]가 0.5~1.2 m, 수로 바닥면에서
잘라낸 바닥점까지의 높이 D_0[m]가 0.1~0.75 m, 막음판 상류의 수
위와 잘라낸 바닥점과의 수직거리, 즉 막음의 헤드 h_0[m]가 0.07~
0.26 m에 적용할 수 있는 수량 Q[m³/s]의 산출식으로

$$
Q = \frac{K}{60} h_0^{\frac{5}{2}} \\
K = 81.2 + \frac{0.24}{h_0} + \left(8.4 + \frac{12}{\sqrt{D_0}}\right)\left(\frac{h_0}{B} - 0.09\right)^2
\qquad \cdots (2.28)
$$

가 있다. 여기서 K는 유량계수이다.

4각보의 경우는

$$Q = \frac{K}{60} b h_0^{\frac{3}{2}}$$

$$K = 107.1 + \frac{0.177}{h_0} + 14.2\frac{h_0}{D_0}$$

$$- 25.7 \sqrt{\frac{(B-b)h_0}{D_0 B}} + 2.04 \sqrt{\frac{B}{D_0}}$$

$$\cdots\cdots\cdots\cdots (2.29)$$

로, 이 식의 적용범위는 B가 0.5~6.3 m, b가 0.15~5 m, D_0가 0.15 ~3.5 m, h_0가 0.03~0.45 $\sqrt{b}$ [m]이다.

또 수로 폭 전체에 걸쳐 막음판을 걸쳐놓은 전폭보는

$$Q = \frac{K}{60} B h_0^{\frac{3}{2}}$$

$$K = 107.1 + \left(\frac{0.177}{h_0} + 14.2\frac{h_0}{D_0} \right)(1+\varepsilon)$$

$$\cdots\cdots\cdots\cdots (2.30)$$

로 산출할 수 있다. 여기서 ε는 보정항이며 D_0가 1 m 이하인 경우는 0, 1 m 이상인 경우는 0.55 (D_0-1)의 값으로 한다. 또 위 식의 적용 범위는 B가 0.5 m 이상, D_0가 0.3~2.5 m, h_0가 0.03~D_0 m이다. 그리고 전폭보의 경우에는 보판을 넘쳐 흘러내리는 물 안쪽에 대기가 자유롭게 출입할 수 있도록 공기구멍을 마련하는 등 대책을 강구해야 한다.

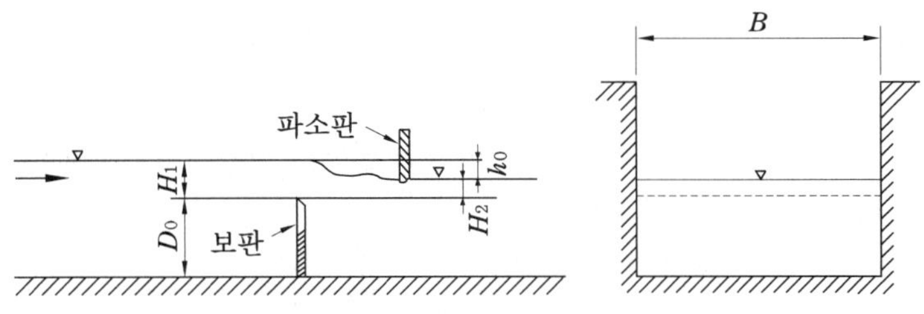

그림 2-15 **잠수보의 흐름**

장방형 단면을 가진 도수로 내의 수량은 그림 2-15와 같이 잠수보에 의해서도 측정할 수 있다. 그림에서와 같이 H_1 [m], H_2 [m]를 각각 보의 상류 및 하류쪽의 헤드, h_0 [m]가 H_1과 H_2의 차이라 하면

$$\left. \begin{array}{l} Q = \dfrac{K}{60} BH_1 h^{\frac{3}{2}} \\[2ex] K = 84.2 + \dfrac{50.4}{1.6 - \left(\dfrac{H_2}{H_1}\right)} \end{array} \right\} \quad \cdots\cdots\cdots\cdots\cdots (2.31)$$

로 산출할 수 있다. 이 식의 적용범위는 B가 0.5 m 이상, D_0가 0.3~1.8 m, $\dfrac{H_2}{H_1}$이 0~0.9 m, H_1은 0.1~0.8 m이다. 또 수위 측정에는 전술한 포인트게이지 등을 사용하면 된다.

수로를 통하는 수량은 개략적이기는 하지만 간편하게 측정하는 방법으로 부자법 (float method)이란 것이 있다. 이것은 수로 폭의 거의 중앙부에 부자를 띄워놓고, 그것이 일정거리 s [m]를 흐르는 데 소요된 시간 t [s]를 계측하여 수로 표면의 유속을 구한다. 수로 단면 안의 평균유속 v [m/s]는 이 표면유속보다 작아

$$v = \alpha \frac{s}{t} \quad \cdots\cdots\cdots\cdots\cdots (2.32)$$

로 나타낸다. 여기서 α는 많은 시험결과 0.8로 주어진다. 한편, 일반적으로 수로 내의 유로 단면적 A [m²]는 전술한 포인트게이지를 사용하여 각 분할수로의 수심 D_i [m]를 측정함으로써

$$A = \frac{B}{m} \sum_{i=1}^{m} D_i \quad \cdots\cdots\cdots\cdots\cdots (2.33)$$

로 주어지므로 수량 Q [m³/s]는

$$Q = Av \quad \cdots\cdots\cdots\cdots\cdots (2.34)$$

로 산출할 수 있다.

2·4 수차 선정

수차는 설치장소의 지형과 낙차, 유량 등에 따라 몇 가지 종류로 나눈다. 표 2-4는 낙차가 높은 순으로 충동형(높은 낙차), 반동형(중 낙차), 중력(重力)형으로 분류하고, 각각 적용하는 수차명을 예시한 것이다.

표 2-4 **수차의 구조**

수차명	적용되는 수차
충동 수차 (고 낙차용)	펠턴 수차, 크로스 플로 수차
반동 수차 (중 낙차용)	프랜시스 수차
	프로펠러 수차 ; 카플란 수차, 튜블러 수차
중력 수차 (저 낙차용)	개방형 수차 ; 나선 수차, 위돌림 수차, 밑돌림 수차

충동 수차는 수도꼭지에 끼운 호스 끝을 손으로 잡아누르면 물이 세차게 내어뿜어지듯이, 물의 기세를 니들 밸브로 제어하면서 블레이드에 유수를 세차게 뿜음으로써 수차를 회전시키는 구조로 되어 있다(그림 2-16).

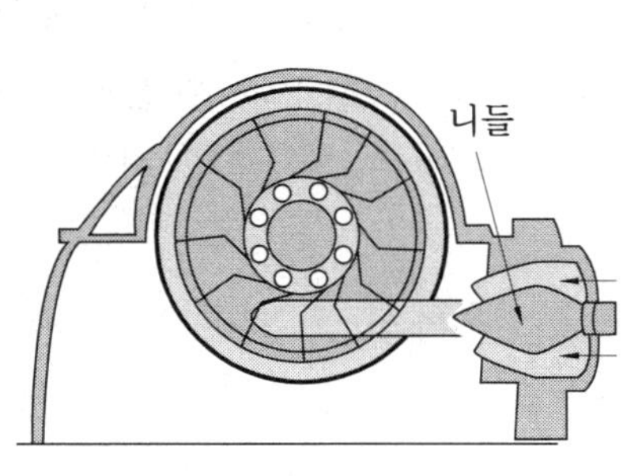

그림 2-16 **펠턴 수차**

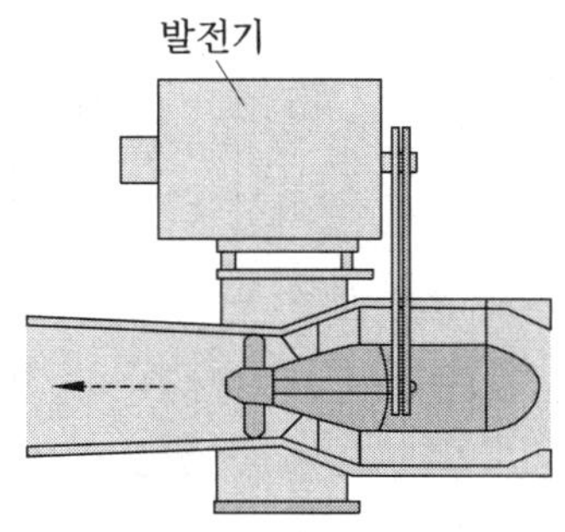

그림 2-17 **프로펠러 수차**

반동 수차(그림 2-17)는 오른쪽 흡입구에서 물을 흡입하여 수압의 힘으로 프로펠러를 회전시키고, 확장부분에서 수압을 흡산함으로써 수류가 한꺼번에 밀려나올 때 유속이 더욱 증가하기 때문에 프로펠러를 고속으로 회전시키는 구조로 되어 있다.

중력 수차는 통칭 개방형으로 불리며, 물의 질량(무게)에 의해서 수차가 회전하는 구조이다.

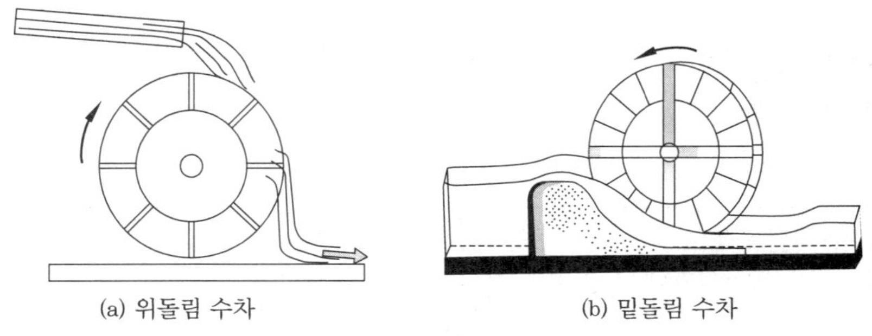

그림 2-18 **위돌림 및 밑돌림 수차의 예**

그림 2-18의 (a)는 위돌림 수차이고 그림 (b)는 밑돌림 수차의 예를 보인 것이다. 위돌림 수차 및 밑돌림 수차는 동서양을 막론하고 그 역사가 오래되었으며 양수와 방앗간 등 우리들 생활에 밀착된 장소에서 사용된 목재 수차이다. 이 수차는 매분 4~6회 느긋하게 회전하므로 발전하는 경우에는 풀리와 벨트 등을 이용하여 증속시킬 필요가 있다.

이제까지 기술한 바와 같이 소수력 발전은 낙차와 유량에 의해서 수차의 종류와 그 적용범위 및 발전출력을 대략 결정할 수 있다. 그림 2-5에 예시한 낙차와 유량으로 얻을 수 있는 발전출력 범위도를 이용하면 매우 편리하다.

예를 들면, 낙차가 2~10 m 정도인 범위에서 유량이 0.05~0.4 m^3/s인 경우는 가로축 프로펠러 수차를 적용할 수 있다. 유량이 0.1~1 m^3/s 범위이고 낙차가 8~30 m 정도인 경우는 크로스 플로 수차를 적용할 수 있다.

제 3 장
수차(水車)

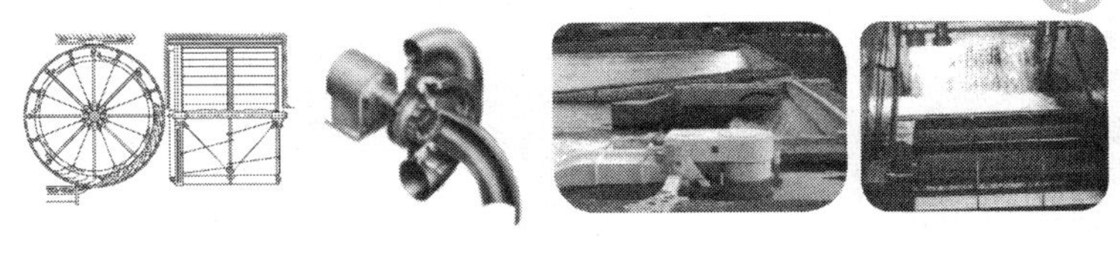

3·1 수차의 이론

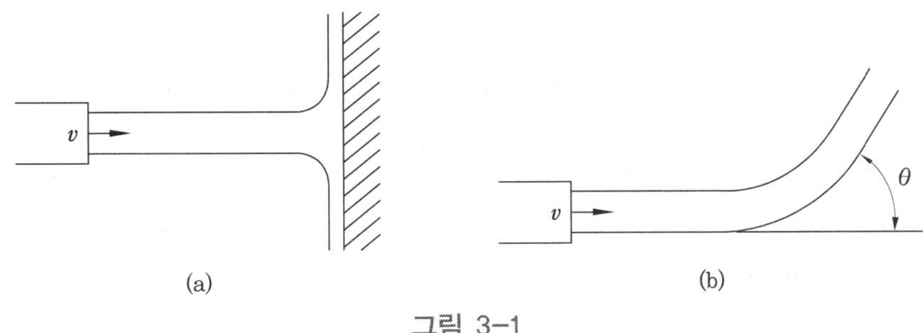

그림 3-1

　수차는 기본적으로 물이 지니고 있는 에너지를 회전력으로 바꾸는 장치이다. 지금 평판에 물이 존재했던 경우를 생각해 보기로 하자. 그림 3-1 (a)에 보인 바와 같이 분출하는 물이 수직으로 벽면에 작용하는 힘 F 는

$$F = \rho Q v \quad\quad\quad (3.1)$$

　여기서, Q : 유량, ρ : 밀도, v : 노즐 선단의 속도

　여기서 제1장의 식 (1.1)의 기본인 운동량의 법칙 "물체에 작용한 힘은 그 물체의 운동량의 단위 시간당의 변화와 같다"를 다시 기억하기 바란다. 질량 m 이고 속도 v 인 경우의 그 곱은 운동량 ρ 라 한다. 여기서 관 속을 유체가 정상적으로 흐르고 있는 경우 어느 구간에서 운동량의 차가 발생하게 된다. 또 유체가 흐르는 방향으로 외력을 받는다. 이러한 차가 유체가 흐르는 방향에 미친 작용력 F 가 된다.

$$F = \rho Q (v_1 - v_2) + (p_1 A_1 - p_2 A_2) \quad\quad\quad (3.2)$$

　여기서, p_1, p_2 : 압력, A_1, A_2 : 단면적

　식 (3.1)은 식 (3.2)에 의해 $p_1 = p_2 = p$ (대기압) $= 0$, $v_1 = v$, $v_2 = 0$ 의 경우로 토출할 수 있다.

다음에 그림 3-1 (b)에 표시한 바와 같이 굽은 면에 수류가 충돌한 경우는

$$F_x = \rho A v^2 - \rho A v^2 \cos\theta = \rho A v^2 (1 - \cos\theta) \quad\cdots\cdots\cdots\cdots (3.3)$$

$$F_y = 0 - \rho A v^2 \sin\theta = -\rho A v^2 \sin\theta \quad\cdots\cdots\cdots\cdots\cdots (3.4)$$

$$F = \sqrt{F_x^2 + F_y^2} = \rho A v^2 \sqrt{2(1-\cos\theta)} \quad\cdots\cdots\cdots\cdots (3.5)$$

$\theta = \dfrac{\pi}{2}$ 로 써서, 앞의 식 (3.1)으로 된다.

$$F_{\max} = \rho A v^2 \quad\cdots\cdots\cdots\cdots\cdots\cdots\cdots\cdots\cdots\cdots\cdots (3.6)$$

3·2 수차의 출력

수차에 유입하기 직전의 물이 가지고 있는 단위중량당 에너지, 즉 헤드와 유출 직후의 물이 가지고 있는 헤드의 차는 수차에서 이용가능한 헤드인데, 이를 유효낙차라고 한다는 것은 이미 기술한 바 있다. 지금 그림 3-2와 같은 허리돌림 수차에 도수로로부터 물이 유입하는 경우 에너지 보존의 법칙을 적용하여 보자.

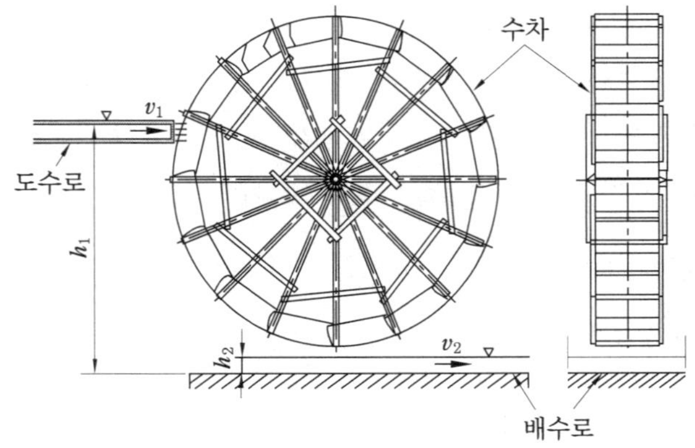

그림 3-2 **수차의 유효낙차**

이와 같은 수차에서는 수차에 유입하기 직전의 물이 가지고 있는 헤드는 어떤 기준면에서 도수로면까지의 위치 헤드 h_1 [m]과 도수로에서 수차로 유입하는 속도헤드 $\dfrac{v_1^2}{2g}$ [m]의 합이 된다. 또 수차에 유입한 직후에 물이 갖는 헤드는 기준면에서 도수로면까지의 위치헤드 h_2 [m]와 도수로 안의 속도헤드 $\dfrac{v_2^2}{2g}$ [m]의 합이 된다. 따라서 수차의 유효낙차 H [m]는

$$H = (h_1 - h_2) + \left(\frac{v_1^2}{2g} - \frac{v_2^2}{2g} \right) \quad \cdots\cdots\cdots\cdots\cdots\cdots\cdots\cdots (3.7)$$

로 표시된다. 지금 폭이 넓은 배수로를 통하여 물이 수차로부터 유출하는 경우, 배수로 안의 속도헤드는 극히 작은 값이므로 무시할 수 있어

$$H = (h_1 - h_2) + \frac{v_1^2}{2g} \quad \cdots\cdots\cdots\cdots\cdots\cdots\cdots\cdots\cdots (3.8)$$

로 된다. 여기서 $(h_1 - h_2)$ [m]는 수차의 실제낙차라고 한다. 여기서 도수로 끝의 유속 v_1은 수차로 유입하는 수량 Q [m³/s]를 도수로의 유로단면적 A [m²]로 제하여 구한다. 또 위돌림 수차에서는 유효낙차 H [m]의 속도헤드차 $\left(\dfrac{v_1^2}{2g} - \dfrac{v_2^2}{2g} \right)$ [m]에 대한 실낙차 $(h_1 - h_2)$ [m]가 차지하는 비율이 매우 크고, 반대로 밑돌림 수차에서는 유효낙차 H [m]는 거의 속도헤드차 $\left(\dfrac{v_1^2}{2g} - \dfrac{v_2^2}{2g} \right)$ [m] 뿐이다.

이와 같은 수차가 유효낙차 H [m], 수량 Q [m³/s]로 운전되고 있을 때 수차의 이용가능한 동력, 즉 수차의 이론동력 L_{th} [kW]는 물의 밀도를 ρ [kg/m³]이라 하면

$$L_{th} = \frac{\rho g Q H}{1000} \quad \cdots\cdots\cdots\cdots\cdots\cdots\cdots\cdots\cdots (3.9)$$

이 된다. 이로써 물로부터 동력을 얻으려면 수량과 유효낙차의 두 요소가 갖추어지지 않으면 안 된다는 것을 알 수 있다.

수차를 실제 가동할 때는 날개바퀴에 유입 시 물의 튕김, 날개바퀴와 흉벽 간의 누수, 물받이로부터의 물의 조기 유출, 축의 마찰과 날개바퀴의 공기저항 등으로 인한 동력 손실 때문에 이론동력 모두를 이용할 수 없음은 자명하다. 여기서 수차가 실제로 발생하는 동력, 즉 수차출력 L [kW]은 수차효율을 η로 하면

$$L = \eta \cdot L_{th} \quad\text{(3.10)}$$

로 주어진다.

수차 설치를 계획할 때 수차의 출력을 예측하기 위해서는 수차효율 견적과 수차 설치장소의 수차이론동력, 즉 수량과 유효낙차 측정이 필요하다는 것을 다시 한번 강조하고 싶다.

먼저 수차효율에 관하여 유럽의 각종 수차 수차효율에 관한 상세한 수치는 표 3-1과 같다.

표 3-1 수차의 효율

수차의 종류		수차효율
위돌림 수차	높은 낙차의 것 낮은 낙차의 것	0.60~0.75 0.50~0.60
가슴돌림 수차	가이드 날개가 있는 게이트를 갖는 것	0.60~0.70
앞돌림 수차	사주비앵 수차 츠핑거 수차 가이드 날개가 있는 게이트를 갖는 것 월류 게이트를 갖는 것 저류(底流) 게이트를 갖는 것	0.70~0.80 0.60~0.65 0.65~0.70 0.60~0.65 0.40~0.50
밑돌림 수차	퐁슬레 수차 보통 것	0.70~0.75 0.30~0.35

이 표를 보면 위돌림 수차가 보통 밑돌림 수차에 비하여 효율이 높

고, 앞돌림 수차에서 물이 갖는 운동에너지를 효율적으로 흡수할 수 있는 게이트를 갖춘 것이 양호한 효율을 부여하는 것을 알 수 있다. 또 앞돌림 수차를 개량한 사주비앵 (Sagebien) 수차와 비교적 고속으로 수차에 물을 유입할 수 있는 개량형 밑돌림 수차인 퐁슬레 수차 (Poncelet wheel)는 경이적인 고효율이다.

다음은 유효낙차 측정인데, 이것은 이미 보아온 바와 같이 수차의 실제 낙차와 도수로 끝의 물의 유속을 알면 산출할 수 있다. 이 중에서 수차의 실낙차는 도수로와 배수로의 수면간 높이이므로 쉽게 측정할 수 있고, 도수로 끝의 물의 속도는 수차로 유입하는 수량이 주어지면 쉽게 계산할 수 있다. 따라서 수차의 실낙차, 도수로 끝의 유로 단면적을 측정하면 이후는 수차로 유입하는 수량만 측정하면 수차의 이론동력을 산출할 수 있다. 또 수차의 효율을 가정하면 수차출력의 추정이 가능하다.

도수로를 흐르는 수량 측정에 관해서는 다른 항에서 기술하겠다.

3·3 수차의 종류

물의 에너지를 이용하기 위해 수차가 사용된다. 높은 곳에 있는 물을 낮은 곳으로 떨어뜨릴 때의 에너지를 이용하여 기계적 에너지를 얻는 기계를 수차라고 한다.

소형 발전 수차에 관하여 기술하기 전에 먼저 일반적으로 이용되고 있는 수차에 관하여 알아두는 것도 필요할 것 같으므로 각종 수차에 대하여 개요를 간략하게 소개하겠다.

오늘날까지 역사를 통하여 보면 높은 낙차를 추구함으로써 보다 효율이 좋은, 출력이 큰 수차를 개발하여 왔다. 물론 형태도 다양하다. 이 수차들은 기계적 구조에 따라 펠턴 수차, 프랜시스 수차, 사류 (斜流) 수차, 프로펠러 수차 등으로 크게 나눌 수 있다.

(1) 펠턴 수차

200~2000 m의 높은 낙차이지만 수량은 비교적 적은 곳에 사용된다.

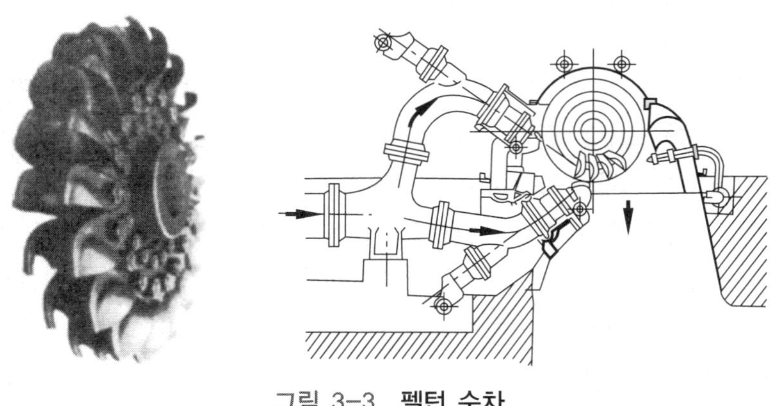

그림 3-3   펠턴 수차

(2) 프랜시스 수차

중간정도의 낙차에 사용되며 50~530 m에서 가장 광범위한 영역에서 사용된다.

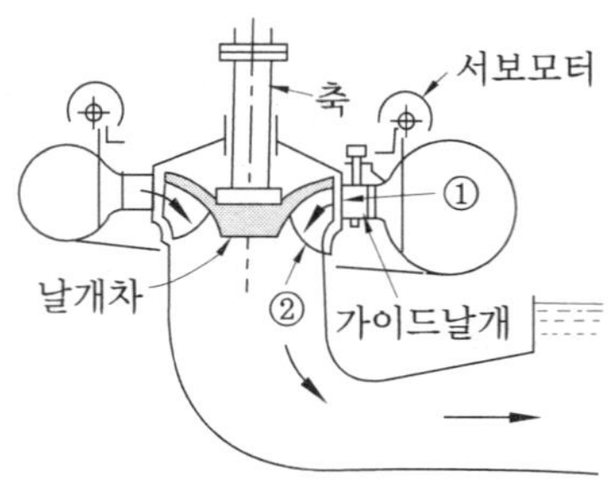

그림 3-4   프랜시스 수차

(3) 사류 수차

낙차가 50~150 m로, 프랜시스 수차와 프로펠러 수차의 꼭 중간에 위치한다.

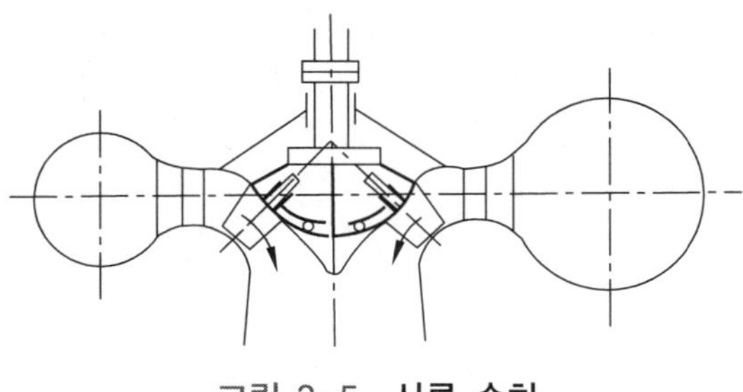

그림 3-5 **사류 수차**

(4) 프로펠러 수차

낙차가 3~90 m로 낮고 유량은 비교적 큰 장소에 적용된다.

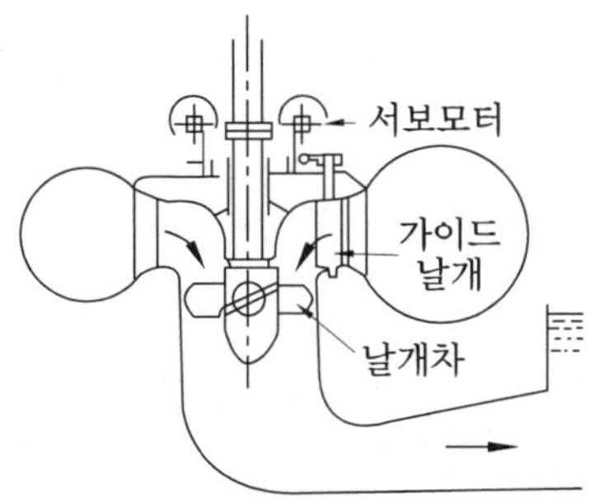

그림 3-6 **프로펠러 수차**

위에서 소개한 수차 외에 중소 수력 발전에서 자주 이용되고 있는 것으로는 가로축 펠턴 수차, 크로스 플로 수차, 가로축 프랜시스 수차 등이 있다.

프로펠러 수차의 유량 및 낙차에 대응하는 수차의 형식은 개략적으로 다음과 같지만 적용범위의 경계부분에서는 두 가지 혹은 세 가지 수차형식이 중복되기도 한다. 이 경우 어떤 형식의 수차를 선택할 것인가는 여러 가지 조건을 고려하여 가장 적합한 기종을 선정한다. 다음 표 3-2는 기종 선정조건의 일부를 정리한 것이다.

표 3-2 중소 수차기종 선정조건

조건 \ 기종	가로축 펠턴 수차	크로스 플로 수차	가로축 프랜시스 수차	프로펠러 수차
낙차의 변경	작은 경우에 적용	작은 경우에 적용. 최고 낙차의 60 %까지	어느 정도의 변동에 대응할 수 있다. 최고 낙차의 70 %까지	어느 정도의 변동에 대응할 수 있다.
유량 변동	노즐 개수를 변화시킴으로써 큰 유량 변화에 적응할 수 있다.	가이드 베인을 2분할(1 : 1 또는 1 : 2의 비율로) 하여 따로따로 개폐제어함으로써 큰 유량 변화에 적응할 수 있다.	어느 정도의 변동에 적응할 수 있다.	어느 정도의 변동에 적응할 수 있다.
부하의 변동	니들 밸브 개방도가 광범위하게 변화하여도 수차효율은 크게 저하되지 않는다.	가이드 베인의 개방도가 개에서 폐로 옮겨짐에 따라 수차효율이 떨어진다.	부분부하에서는 수차효율이 어느 정도 떨어진다.	부분부하에서는 수차효율이 상당히 떨어진다.
조속기구와 제어성	디플렉터가 달린 경우 그 조작기구가 필요하고 또 노즐 개수를 바꾸려면 조작기구가 복잡하게 된다. 이것을 자동제어하려면 보다 고도의 제어장치가 필요하다.	가이드 베인을 2분할하여 따로따로 제어하려면 조작기구도 2세트 필요하다. 또 이를 자동제어하려면 상당히 고도의 제어장치를 필요로 한다.	가이드 베인 개수가 많고 조작기구도 약간 복잡하게 되지만 자동제어는 일반적인 방식으로 가능하다.	가이드 베인 수가 많고 조작기구가 다소 복잡하게 되지만 자동제어는 일반적인 방식으로 가능하다.

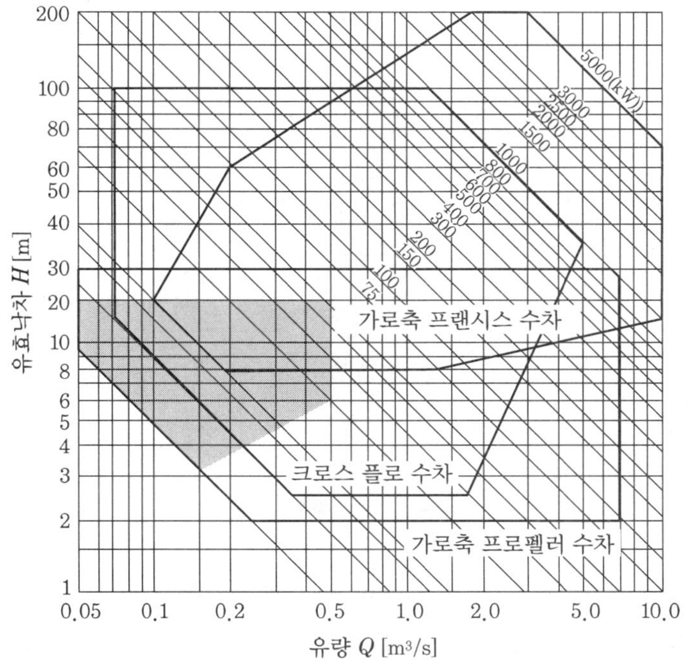

그림 3-7 **기종 선정도**

(5) 가로축 펠턴 수차

① 개요

펠턴 수차는 충동 수차로, 일반적으로 높은 낙차 (100 m 이상)에 적용된다. 그러나 소수력용 가로축 펠턴 수차의 경우는 비교적 낮은 낙차 (40 m 정도)까지 적용범위를 확대할 수 있다.

가로축 펠턴 수차의 구조는 노즐에서 분사하는 제트수류를 러너 (버킷 포일)에 쏘아 회전시키는 방식인데, 노즐은 2개가 표준이지만 1개인 경우도 있다.

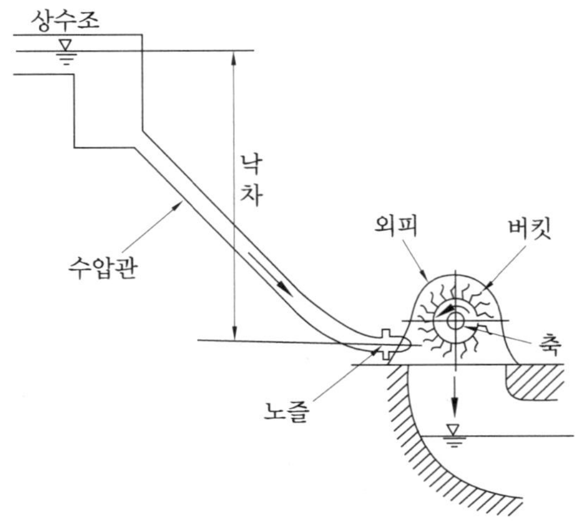

그림 3-8   **펠턴 수차**

또 유량 변동이 특히 큰 경우에는 노즐 2개를 1개와 2개로 구분하여 유량 변화에 대응할 수도 있다. 부하에 적응한 수량 조정은 니들 밸브를 개폐해서 한다. 부하가 급격하게 감소한 경우 니들 밸브를 급히 닫으면 도수관 안에 수압 상승, 즉 워터해머 현상이 일어나므로 디플렉터로 급속히 제트를 러너에서 돌려 니들 밸브를 서서히 닫는다.

② 시방

출력 : $20{\sim}5000\,\mathrm{kW}$

유량 : $0.1{\sim}2.0\,\mathrm{m}^3/\mathrm{s}$

낙차 : $40{\sim}300\,\mathrm{m}$

비속도 : $14{\sim}23\,n_s\,[\mathrm{m\text{-}kW}]$

회전속도 : $300{\sim}1200\,\mathrm{rpm}\,(60\,\mathrm{Hz})$

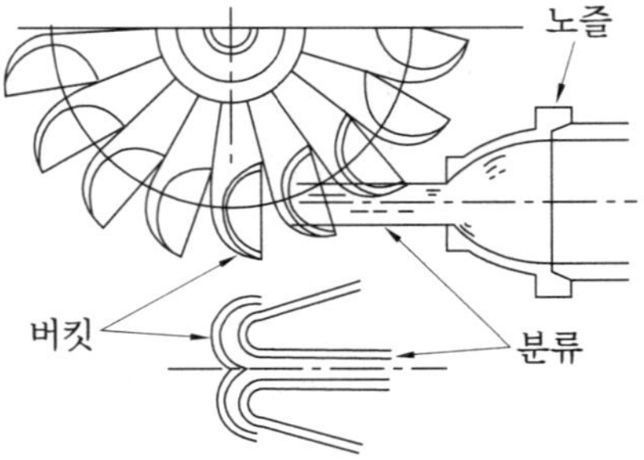

그림 3-9   **물의 흐름**

③ 부분구조

㈎ 케이싱 (입구곡관)

입구 밸브에서 흡입한 고압수를 러너에 도입하는 관으로, 노즐이 2개인 경우에는 분기관이 있고 출구 끝에 노즐이 있다.

㈏ 노즐

노즐은 안쪽에 수량조정용 니들이 있고 손실이 적은 통로를 통하여 물을 효율적으로 가속하여 고속 제트를 분출시키는 장치이다. 선단부에 노즐칩 및 니들칩이 있으며, 이들 부분은 마모되었을 경우 교체할 수 있는 구조로 되어 있다.

㈐ 러너(버킷 포일)

러너는 러너 디스크 바깥둘레에 15~25장의 중앙에 버킷이 배열되어 있으며, 여기에 제트 수류를 받아 회전하면서 물 동력을 흡수하여 주축에 전한다.

㈑ 디플렉터

비상 시 니들 동작 전에 노즐의 제트를 긴급히 돌려 러너에 들어오는 물을 차단하는 펠턴 수차 고유의 장치이다.

㈒ 하우징

러너에서 유출하는 물이 벽면에 튕겨서 러너에 제동을 주는 일이 없도록 방수로로 유도하는 배수실이다.

(6) 크로스 플로(cross flow) 수차

① 개요

크로스 플로 수차는 충동 수차와 반동 수차의 중간적인 수차로, 중 낙차에서 낮은 낙차까지 소수력용으로 사용된다.

크로스 플로 수차의 구조는 원통형의 러너 둘레방향의 일각에서 유입하는 물이 반원상의 날개를 통과하여 러너 중심에 들어가고, 다시 날개를 통과하여 러너 외주로 나오는 사이에 동력을 발생하는 방식인데, 이를 관류(貫流) 수차라고도 한다.

수량 조정은 날개형 단면에서 입구 밸브를 겸하여 있는 가이드 베인으로 하며, 특히 유량 변동이 큰 경우에는 가이드 베인을 $1:1$ ($\frac{1}{2}$과 $\frac{1}{2}$폭) 또는 $1:2$ ($\frac{1}{3}$과 $\frac{2}{3}$폭)로 2분할하여 따로 따로 조작한다.

그림 3-10   **크로스 플로 수차**

② 시방

출력 : 5~500 kW

유량 : $0.07{\sim}3.0\,\mathrm{m}^3/\mathrm{s}$

낙차 : 2.5~100 m (수차입구 중심의 수두)

회전속도 : 200~1200 rpm (60 Hz)

　　　　(단, 발전기 회전속도는 증속하여 1000 rpm 또는 1200 rpm으로 하는 것을 원칙으로 한다.)

러너 지름 : 300, 400, 500, 600, 800 mm 등

③ 부분구조

㈎ 케이싱

강판제의 간단한 구조로 러너 및 주축의 점검, 분해가 용이한 구조로 되어 있다. 흡출관을 설치하는 경우에는 진공 조절밸브를 장치한다.

㈏ 가이드 베인

날개형 단면으로 되어 있으며 입구 밸브도 겸용할 수 있는 구조이다. 앞에서와 같이 유량변화에 대응하기 위해 2분할 ($1:1$ 또는 $1:2$) 할 수 있다.

㈐ 러너

러너는 외주에 반원상의 날개 20~30장을 가진 원통형으로, 양면에

측판이 있어 주축에 고정되어 있다. 축방향의 폭이 넓은 러너의 경우
에는 양측판 간에 1~3판의 보강판이 들어 있다.

(7) 가로축 프랜시스 수차

① 개요

프랜시스 수차는 반동 수차인데 일반
적으로 중낙차에서 낮은 낙차까지 광범
위하게 사용된다. 가로축 프랜시스 수차
는 중소수력 발전용으로 가장 많이 사용
되는 대표적인 수차이다. 유량도 중유량
에서 작은 유량의 넓은 범위에 걸쳐 이용
가능하다.

구조는 수압관로에서 입구 밸브를 거

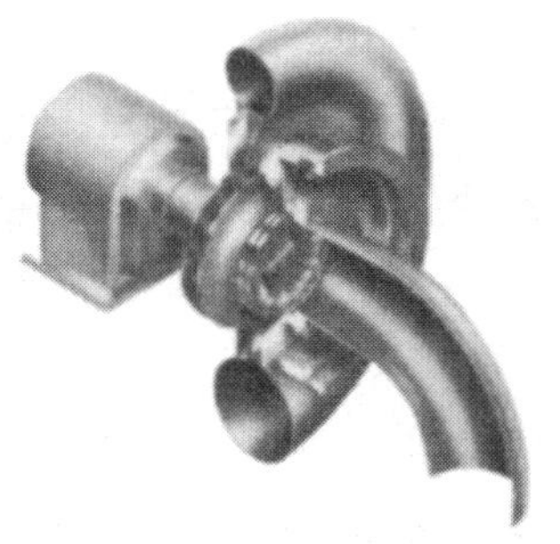

그림 3-11 **프랜시스 수차**

친 물이 케이싱에 들어가고, 스피드링의
전주(全周)에서 가이드 베인을 통하여 러너에 유입하여 날개를 통과
하여 흡수관으로 나오는 사이에 러너에 회전력을 주는 방식이다.

유량 제어는 가이드 베인의 개방도를 조정함으로써 원활하게 할 수
있으므로 정밀한 속도 조정이 가능하고 부하 변동에도 잘 대응할 수
있다. 가로축 프랜시스 수차에는 여러 가지 형이 있지만 단륜단류(單
輪單流)형이 표준이다.

② 시방

출력 : 10~5000 kW
유량 : 0.1~15.0 m³/s
낙차 : 8~200 m
비속도 : $n_s \leq \left(\dfrac{20000}{H} + 20 \right) + 30$ (m-kW)
회전속도 : 450~1200 rpm (60 Hz)

③ 부분구조

㈎ 케이싱

수입관로에서 입구 밸브를 거쳐 유입하는 물을 전주에서 균등하게 가이드 베인으로 유도하는 것으로, 일반적으로는 소용돌이형이고 단면은 원형이다 (동심원인 경우 각단면인 경우도 있다).

㈏ 스피드링

케이싱에서 가이드 베인에 들어오기 전의 원형 평행부분의 안쪽에 스테이 베인 (stay vane)이 설치되어 있다.

㈐ 가이드 베인

가이드 베인은 케이싱에서 러너로 들어오는 물을 정류함과 동시에 물의 양을 조정한다. 가이드 베인의 개도 조정은 가이드링을 서보모터로 돌리고 링을 거쳐 가이드 베인 레버를 움직여 가이드 베인 축을 돌려서 한다. 가이드 베인의 장수는 12~24장이다.

㈑ 러너

유수가 반지름 방향으로 흘러들어 러너 안에서 축 방향으로 방향을 바꾸어 유출하는 것으로, n_s에 의해서 단면 형상이 다르다. 러너의 날개 개수는 13~18개이다.

㈒ 흡출관

러너와 방수면 간의 낙차 (흡출높이)를 유효하게 이용하기 위해 설치되어 있다.

(8) 프로펠러 수차

① 개요

프로펠러 수차는 반동 수차로 낙차가 낮고 큰 유량에 적합하다. 프로펠러 수차의 구조는 관로에서 입구 밸브를 거쳐 케이싱에 유입한 물이 스테이 베인에서 정류된 후 가이드 베인으로 조정되어 러너로 들어오고, 날개형 러너 블레이드를 통과할 때 러너에 회전력을 부여하는 방식이다. 표준으로는 가이드 베인은 가동이고 러너 블레이드는 고정으로 되어 있다 (러너 블레이드가 가동 또는 반고정인 것도 있다).

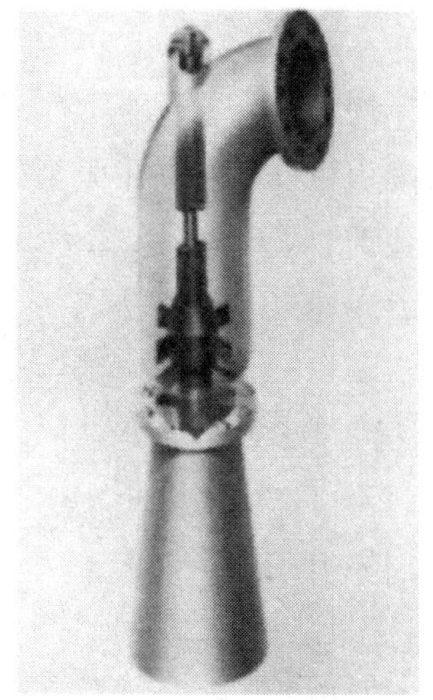

그림 3-12 **프로렐러 수차**

② 시방

출력 : 2.5~50 kW

유량 : $0.05{\sim}5.0\,\mathrm{m}^3/\mathrm{s}$

낙차 : 2~20 m

비속도 : $n_s \leq \left(\dfrac{20000}{H} + 20 \right) + 50$ (m-kW)

회전속도 : 333~1500 rpm

(저낙차로 회전속도가 낮을 때는 증속하는 경우도 있다)

러너 지름 : 900, 800, 700, 600, 500, 400, 305, 250 mm

③ 부분구조

㈎ 케이싱

강판 용접제의 원통상이며 물 입구의 스테이 베인은 수중 축받이의 하우징을 받치고 있다. 곡관에는 축 관통부에 패킹박스가 설치되어 있다.

㈏ 가이드 베인

가이드 베인은 부채형으로, 방사상으로 부착되어 있다. 개도 조정 방법은 프랜시스 수차의 경우와 같다.

㈐ 러너

러너 보스 주위에 날개형 러너 블레이드를 장치한 구조이다. 러너 블레이드의 수는 표준으로 유효낙차 15 m까지는 4개, 15~20 m까지는 5개로 되어 있다.

㈑ 흡출관

러너 방출면 사이의 낙차 (흡출높이)를 유효하게 이용하기 위해 설치되어 있다.

3·4 소형 발전용 수차

앞에서 설명한 대형·중형 수차 발전장치는 관을 통하여 물줄기를 낙하시키므로 이를 관로형 (管路型) 수차라고 할 수 있다. 이에 비하여 일반적인 수로에 설치하는 수차라는 의미에서 재래형 수차를 개방주류형 (開放周流形) 수차라고 부르기도 한다.

(1) 개방주류형 수차

일반적으로 수차는 물의 위치에너지를 이용하는 기계이므로 회수에너지의 크기는 유량과 함께 낙차의 크기에 비례한다. 낙차가 큰 경우에는 출력에 비하여 형상이 작고 경제적인 이유로 현재 펠턴, 프랜시스, 프로펠러, 크로스 플로형 수차가 대부분 이 분야에서 사용되고 있다.

한편 이용측면에서 보면 에너지를 필요로 하는 장소는 낙차가 작은 경우가 많다. 석유대체 에너지로서 소수력 발전 개발이 요망되는 취지에서 볼 때 특히 이처럼 낙차가 거의 없는 3 m 이하의 초저낙차 지점의 미개발 수력에너지 이용은 매우 바람직하다.

버려졌던 옛날의 수로, 허물어져 없어진 방앗간 자리는 물론 하천의 자연수류, 용수로 내의 수류, 방수로 방수단수류, 저수위 댐의 방수제 (放水提)에서 넘쳐흐르는 개수로 등에 직접 설치할 수 있는 수차로서 위돌림 수차, 허리돌림 수차, 밑돌림 수차를 바탕으로 개방주류형 수차에 대하여 기술하겠다.

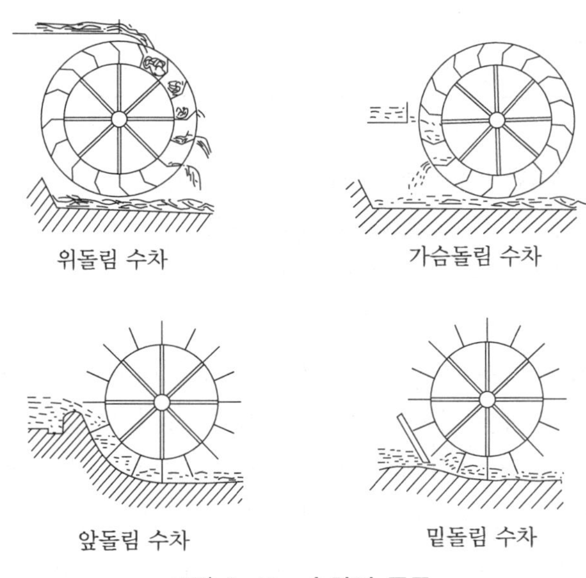

그림 3-13 **수차의 종류**

개방주류형 수차의 종류로는 각종 분류방법이 있으며 그 형상과 수차의 효율, 그리고 비속도는 표 3-3과 같다. 밑돌림 수차는 수레바퀴의 외주에 수류를 부딪침으로써 회전시키고, 위돌림 수차는 물받이가 있는 수레바퀴 상부에 물을 유입시켜 물의 무게로 회전시킨다. 또 앞돌림 수차는 수차의 수레바퀴 중심부근의 수차축보다 낮은 위치에 유입시켜 물의 무게와 충동력으로 회전시킨다.

표 3-3 **수차의 종류와 효율**

수차 종류	적용	수차 효율	비속도 m · kW
위돌림 수차	고낙차 저낙차	0.60~0.75 0.50~0.60	0.6~4
가슴돌림 수차	가이드 날개 달린 게이트를 갖는 것	0.60~0.70	1.5~4
앞돌림 수차	사주비앵 수차 츠핑거 수차 가이드 날개 달린 게이트를 갖는 것 월류 게이트가 있는 것 저류 (底流) 게이트가 있는 것	0.70~0.80 0.60~0.65 0.65~0.70 0.60~0.65 0.40~0.50	2~35 10~36 4~30
밑돌림 수차	퐁슬레 수차 보통 것	0.70~0.75 0.30~0.35	12~60 8~36

또 이용에너지의 종류에 따라 다음과 같이 분류할 수 있다.

(a) 중력 수차 : 물의 위치에너지를 이용

(b) 충동 수차 : 속도에너지를 이용

(c) 반동 수차 : 압력과 속도에너지를 이용

옛날 수차의 경우는 지름이 크기 때문에 비경제적이었지만 설계방법 여하에 따라서는 지름과 잠수깊이의 관계, 수차 설치에 따른 수차 날개 형상과 상류 수위 상승 관계 등을 해명할 수 있다면 경제적인 개방주류형 수차의 이용이 가능할 것으로 생각한다.

이 개방주류형 수차의 적용범위는 낙차 3 m 이하, 수량 $0.1 \sim 1.0 \, \text{m}^3/\text{s}$, 수차 출력 0.1~10 kW 영역이며, 개수로에 직접 설치하여 수차 거버너리스 발전시스템 또는 직접 발전방식을 추가한 소형 수력 발전장치로 구성되는 것이다.

(2) 개방주류형 수차의 특성

① 비속도

수차의 비속도 n_s는 펠턴 수차의 경우 $12 \leq n_s \leq 23$, 프랜시스 수차는 $n_s \leq 20000(H+20)+30$, 프로펠러 수차는 $n_s \leq 20000(H+20)+50$이다. 또 비교적 최근에 개발된 크로스 플로 수차는 $n_s = 40 \sim 200$ [m-kW] 범위이다.

개방주류형 수차는 실험에 의하면 개수로 내에 물의 낙차를 부여하기 위해 높이 0.5 m 이하의 방축을 두고 수차를 돌린 경우 $n_s = 10 \sim 35$ [m-kW]이지만 방축이 없는 개수로의 경우는 $n_s = 15 \sim 70$ [m-kW]로 되었다.

② 효율 특성

특성을 표현하는 방법으로는 등효율곡선법이 있다. 가로축에 단위회전수 n_1, 세로축에 단위유량 Q_1를 취하여 효율이 같은 점을 연결하면 원에 가까운 곡선군이 형성된다. 이 원의 중심이 최고효율점이며, 예를 들어 다른 조건에서 수차를 회전하면 그 때의 특성을 알 수 있다.

$$\text{여기서, 단위회전수 } n_1 = \frac{n}{\sqrt{H_A}}$$

$$\text{단위유량 } Q_1 = \frac{Q_0}{\sqrt{H_A}}$$

$$H_A : \text{유효낙차 [m]}, \quad Q_0 : \text{유입량 } [\text{m}^3/\text{s}]$$

$$n : \text{수차 회전수 [rpm]}$$

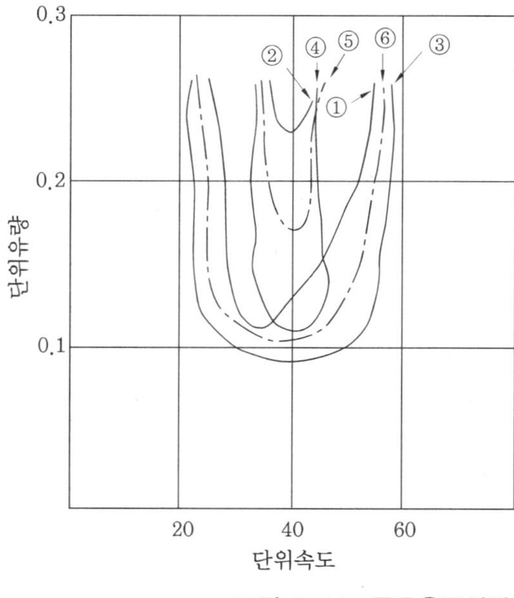

그림 3-14 **등효율곡선법**

3·5   수차의 형식

수력 원동기의 종류에서 기술한 바와 같이 재래형 수차를 물이 가지고 있는 에너지를 이용하는 형태에 따라 크게 분류하면, 물의 위치 에너지를 이용하는 중력 수차와 물의 속도헤드를 이용하는 충동 수차로 나눌 수 있다. 이들 수차는 케이싱이 씌워져 있지 않은 입형 (立形) 수차인데 수평축 주위에 저속 회전하며 물의 낙차에 비하여 임펠러 지름이 점유하는 비율이 크고, 임펠러 외주의 일부에서 물의 유입과 유출이 이루어지는 특징이 있다.

서양에서는 예전부터 수차를 임펠러에 대한 물의 유입위치에 따라 위돌림 수차, 허리돌림 수차, 밑돌림 수차로 나눈다. 즉 위돌림 수차에서는 임펠러의 정점부근에, 허리돌림 수차에서는 임펠러 중심부근에, 밑돌림 수차에서는 임펠러 아래쪽에 각각 물이 유입된다.

이처럼 물이 임펠러에 작용하는 방식에 주목하여 수차의 형식을 검토하면 위돌림 수차는 중력(重力) 수차라고 할 수 있고, 밑돌림 수차는 충동 수차로 볼 수 있으며, 허리돌림 수차는 중력 수차와 충동 수차의 중간형식으로 생각할 수 있다.

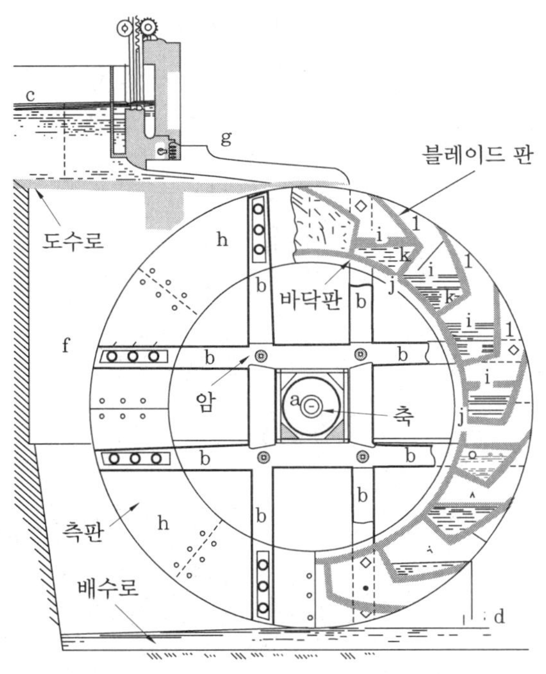

그림 3-15 **전형적인 위돌림 수차와 각부 명칭**

서양의 전형적인 목제 위돌림 수차는 그림 3-15에 보인 바와 같이 축, 암(arm), 측판, 바닥판, 블레이드 판으로 구성된다. 암은 각 단면의 축을 조별로 평행하게 조여붙이고 다시 각 조가 교차하는 곳은 볼트로 고정하였다. 전체 둘레를 몇 개로 분할하여 제작된 두 측판은 그 바깥쪽에서 암으로 축에 연결된다. 두 측판의 안쪽 끝에는 원통상으로 바닥판이 부착되고 측판 사이에는 블레이드 판이 삽입된다. 측판과 바닥판, 블레이드 판으로 둘러싸인 작은 공간은 물이 고일 수 있는 물받이 형상을 하고 있다.

19세기 무렵에 출현한 철제의 위돌림 수차의 경우는 암이 둥근 축에 고정된 원판에 장착되고 물받이는 물이 유입되기 쉬우며 임펠러가 회전함에 따라 물이 수차 바닥 가까이까지 유출되기 어려운 형상으로 제작되어 측판에 나사로 고정되어 있다.

이에 대하여 밑돌림 수차는 그림 3-16과 같이 암에 장착된 원반의 림에 거의 반지름방향의 직선상 혹은 약간 만곡된 블레이드에 고정되어 있을 뿐 대부분 측판과 바닥판을 가지고 있지 않다.

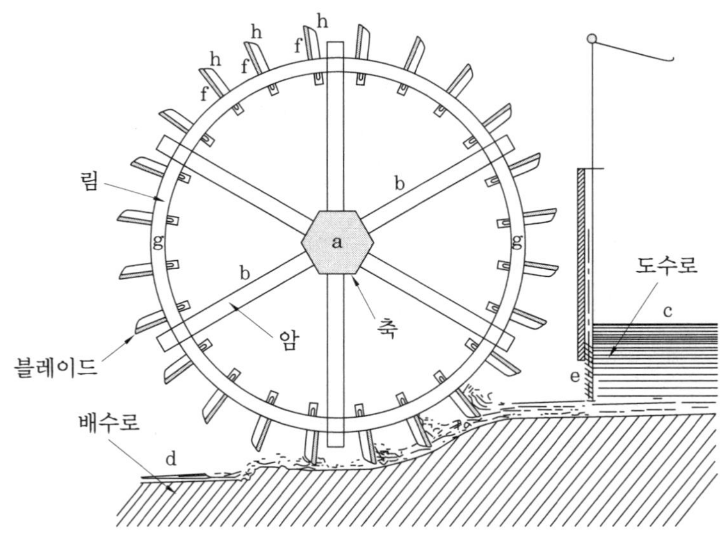

그림 3-16 **전형적인 밑돌림 수차와 각부 명칭**

이처럼 임펠러는 뒤돌림 수차에서 보는 것과 같은, 그 자신 물을 축적할 수 있는 물받이형 임펠러와 밑돌림 수차처럼 간단한 블레이드밖에 없는 블레이드형 임펠러로 양분할 수 있다.

수차는 또 임펠러가 수로 또는 벽면에 의해서 둘러싸여 있느냐 둘러싸여 있지 않느냐에 따라 형식이 다르다. 즉 임펠러의 너비방향으로는 임펠러보다 약간 큰 너비를 가지고 반지름 방향으로는 임펠러 외주를 따라 약간의 격간을 갖는 원호상의 수로, 즉 흉벽으로 둘러싸여 있는 수차와, 이 모든 것을 갖지 않고 임펠러가 비교적 자유롭게 설치되어 있는 수차가 있다.

이 흉벽을 이용하여 전술한 블레이드형 임펠러를 둘러쌈으로써 임펠러로부터 물의 조기 유출을 막을 수 있다. 이 형식의 임펠러에 있어서도 물이 갖는 위치헤드를 유효하게 이용할 수 있다.

3·6 서양의 수차들

3·3에서 기술한 바와 같이 수차에는 여러 가지 형식과 종류가 있다. 여기서는 날개바퀴에 대한 물의 유입위치, 날개의 형상, 흉벽의 유무를 고려하여 수차의 상세한 분류를 고찰하여 보기로 하겠다.

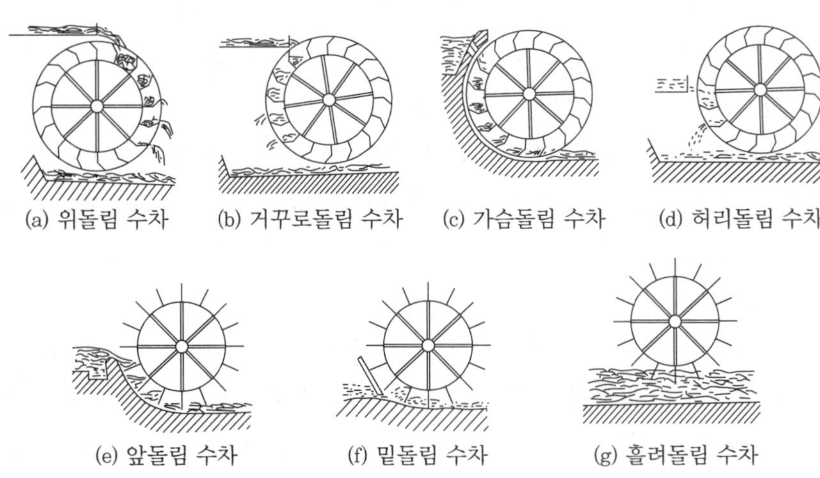

그림 3-17 **서양 수차의 종류**

먼저, 위돌림 수차는 그림 3-17 (a)와 같이 도수로로부터 물받이형 날개바퀴의 꼭지점 가까이에 물을 유입시키고, 물받이 안에 채워진 물의 무게에 의해서 날개바퀴를 회전시키므로 주로 물이 가지고 있는 위치 헤드를 이용하게 된다. 날개바퀴에 물이 유입하는 방법으로는 여분의 물을 여수로로 흘려보냄으로써 소정의 수량으로 설정한 후 여수로에서 자유로이 유출시키는 방법과 도수로 끝에 수평, 수직 혹은 경사진 게이트를 설치하고 그 게이트에 의해서 수량을 조절하는 방법 등이 있다.

위돌림 수차는 유입수면이 도수로 바닥면 이하로 떨어진 때는 운전이 불가능하게 되고 또 배수로 수면 상승에 의해서 날개바퀴가 침수될 때는 날개바퀴 회전방향과 배수로 내 회전방향이 반대로 되기 때문에 성능이 떨어지게 되는 결점이 있다. 이를 보완하는 것으로는 위돌림 수차와 같은 물받이형 날개바퀴 수차이지만 그림 3-17 (b)와 같은 거꾸로돌림 수차가 있다.

이 수차를 전술한 흉벽으로 둘러싼 것이 그림 3-17 (c)의 어깨돌림 수차인데, 이는 흉벽 상부에 도수로를 끌어와 거기에 게이트를 설치하여 유입하는 물의 양을 조정할 수 있다. 또 어깨돌림 수차에서는 물받이부에 물이 유입할 때 공기가 빠져나가기 어렵기 때문에 바닥판에 환기용의 틈이나 구멍을 마련할 필요가 있다.

배돌림 수차는 그림 3-17 (d)와 같이 물받이형 날개바퀴의 중심부 가까이 혹은 그보다 약간 아래쪽에 물을 유입시키는 것으로 뒤돌림과 밑돌림의 중간형태이다. 따라서 그 중량과 충격 모두를 이용하는 수차인 셈이다.

이 수차의 효율을 향상시키려면 날개바퀴 안의 물을 가능한 한 낮은 위치까지 보유시킬 필요가 있으며 이는 흉벽으로 날개바퀴를 둘러쌓음으로써 실현할 수 있다. 따라서 여기서는 물받이형 날개바퀴는 불필요하고 반지름형 단순한 날개형 날개바퀴로 대체할 수 있다.

그림 3-17 (e)는 앞돌림 수차이다. 이 수차의 날개바퀴에 만약 바닥판을 설치하는 경우에는 공기가 빠져 나가기 위한 격간을 마련해야 한다. 앞돌림 수차에 물을 공급하는 방법은 도수로에서 극히 자유롭게 유입시키는 방법과 도수로와 날개바퀴 사이에 그림 3-18에 보인 것과 같은 게이트를 설치하는 방법이 있다.

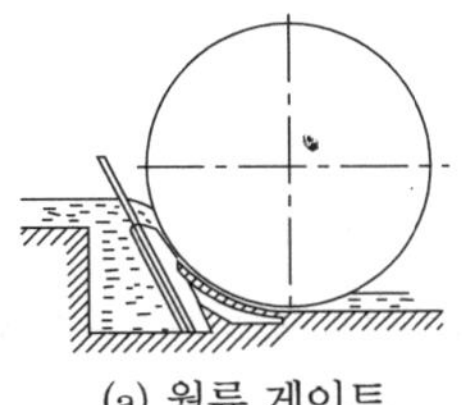 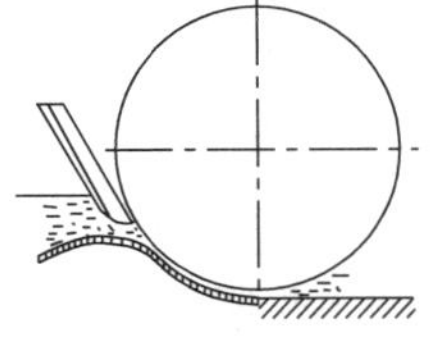 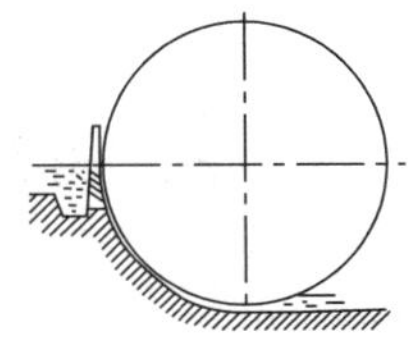

(a) 월류 게이트   (b) 바닥흐름 게이트   (c) 가이드 날개가 달린 게이트

그림 3-18   **서양 수차의 게이트 종류**

그림 3-18 (a)의 월류 (넘쳐흐름) 게이트 및 (b)의 저류 (바닥흐름) 게이트는 게이트의 상부 및 하부를 각각 적절히 둥그렇게 만들고, 이를 가급적 날개바퀴 가까이에 위치시키면 물의 흐름은 정해진 방향으로 원활하게 유입한다.

(c)의 날개가 달린 게이트는 유입하는 수면이 변화하여도 그에 부응해서 게이트를 상하시킴으로써 날개바퀴에 물의 유입속도를 일정하게 조절할 수 있다. 앞돌림 수차 외에 등흘림 수차에는 날개 달린 게이트가, 밑돌림 수차에는 저류 게이트가 각각 많이 사용된다.

밑돌림 수차는 임펠러 아래쪽에서 임펠러 외주의 접선 방향으로 물을 도입시켜 주로 물이 가진 운동에너지, 즉 물의 충동력에 의해서 동력을 얻으려는 것인데 일반적으로 수로 안에 설치되며, 수로의 바닥면과 양쪽 측면의 수차를 둘러싸고 있다. 수로 바닥면은 그림 3-17의 (f)와 같이 약간 흉벽으로 되어 있는 것도 있으나 완만한 경사를 갖는 직선상의 것도 있다.

임펠러 하부에 물을 유입시키는 수차로는 이 밖에 블레이드 수가 적은 블레이드형 임펠러를 폭이 넓은 수로 등의 일부에 거치하거나 혹은 하천에 띄운 배 위에 놓거나 하는 그림 3-17 (g)와 같이 흘려돌리는 수차가 있다.

3·7 수차의 발전사

제분용 동력원으로 탄생한 수차 중 가로형 수차는 소형으로 출력이 작고 효율도 낮았기 때문에 주로 자가용의 도정·제분용으로 이용되었을 뿐 19세기까지 큰 발전을 보지 못했다.

한편 입형(立形) 수차는 효율이 비교적 높고 흐름의 조건, 즉 낙차와 수량(水量)의 크기에 따라 위돌림 수차 혹은 밑돌림 수차를 채용할 수 있는 등 선택이 가능했다. 또 맷돌의 회전수는 전동장치의 설계에 따라 적당히 결정할 수 있는 등의 장점이 있다. 이 때문에 점차 그 수량이 늘어나 유럽 각지에 보급된 동시에 용량은 대형화되었다. 1대당 출력이 커지자 수차동력을 활용하는 전문 제분업자도 출현했다.

게다가 입형 수차는 수평축 회전이었기 때문에 수직면 내에서 회전작업을 하는 작업에 적용하기 쉬워 11세기 무렵부터 제분 같은 특정한 용도를 초월하여 다른 작업에도 이용되기 시작했다.

15세기 말에 이르러서는 수차의 회전운동을 직접적으로 이용할 뿐만 아니라 캠이나 크랭크장치를 이용하여 왕복운동으로 변환하여 금속 가공, 광석 분쇄, 제유, 제지, 제재, 광산 환기, 광산 배수 등 각종 산업의 동력원으로 발전했다. 그림 3-19는 크랭크기구를 이용한 철사 제조기계의 예이다.

그림 3-19 **크랭크기구를 이용한 기계**

3·8 수차의 개량

사회의 생산 능력이 향상되어 동력수요가 늘어나자 수차 1대당 출력 증대와 내구성에 대한 요구도 제기되기 시작했다. 이에 부응하기 위해 수차의 재질이 목재였던 것이 철제로 대체되기 시작했다. 철이 수차부품으로 도입된 것은 먼저 축에서부터 비롯되고, 이어서 림과 기어로 이어졌으며, 18세기 후반부터 19세기에 걸쳐서는 그림 3-20의 위돌림 수차에서 볼 수 있는 것과 같이 전체를 철로 만든 수차가 출현했다. 이로 인하여 축으로 동력을 전달하는 이제까지의 방식을 대신하여 그림 3-21에 보인 것과 같이 림 안쪽에 이를 심어놓고 그 이와 맞물리는 피니언으로부터 동력을 전달하는 방식이 가능하게 되었다. 이로써 암과 축은 수차의 중량을 받쳐주는 역할만 하는 것으로 전락했다.

수차동력의 수요가 늘어나자 그 수요에 부응하기 위해 수차효율을 향상시키기 위한 연구도 진행되었다. 입형 (立形) 수차를 이론적으로 해석한 1704년 파랑의 연구가 최초이지만 그것은 위돌림 수차와 밑돌림 수차를 구별하지 않고 모두 효율은 $\dfrac{4}{27}$ 라는 잘못된 결론을 이끌어냈다.

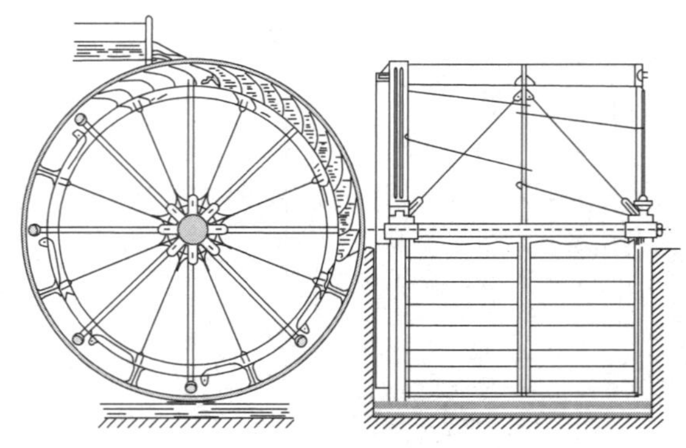

그림 3-20 **철제 위돌림 수차**

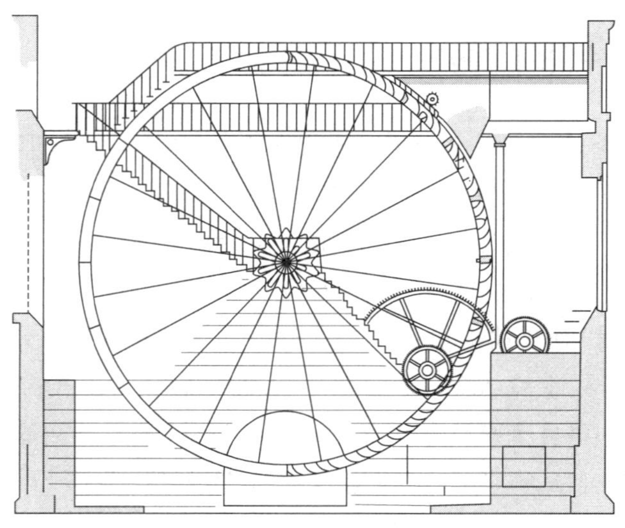

그림 3-21 **매단 구조의 철제 허리돌림 수차**

실험적인 연구로는 1759년 스미튼이 발표한 논문이 가장 유명하며, 수차효율로서 밑돌림 수차로 약 $\frac{1}{3}$, 위돌림 수차로 약 $\frac{2}{3}$ 에 이른다. 이러한 사실은 그림 3-22에 보인 모형수차로 실측함과 동시에 물의 무게를 이용하는 위돌림 수차는 물의 충동력을 이용하는 밑돌림 수차보다 약 2배의 효율을 발휘한다는 사실을 확인했다. 또 수차의 이론

효율은 밑돌림 수차로는 $\dfrac{1}{2}$, 위돌림 수차로는 1이 된다는 것을 정확
하게 추론했다.

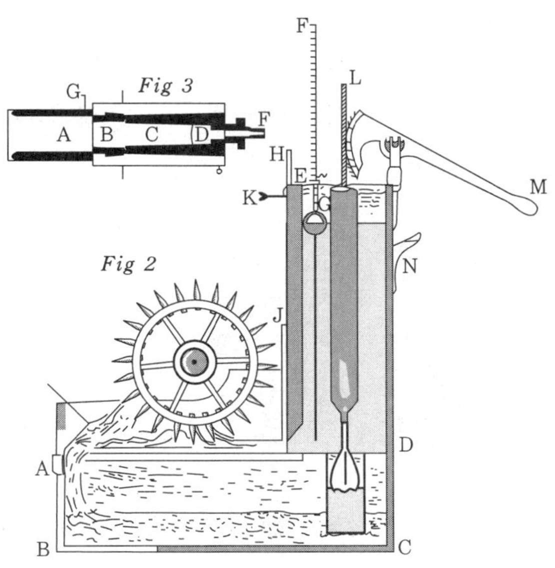

그림 3-22 **수차의 성능시험장치**

이와 같은 연구성과를 바탕으로 물을 수차 블레이드의 중심 높이로
유입시켜, 물의 무게와 충동력의 두 작용을 이용하려고 하는 수차가
출현했다. 이 형식의 수차로는 수차축의 높이보다 낮은 위치에 물을
유입시키는 앞돌림 수차와, 축보다 높은 위치에 유입시키는 허리돌림
수차가 있다. 이들 수차는 모두 수차의 회전력에 따라 물받이에서 물
이 유출되는 것을 피하기 위해 물의 유입구에서 수차 아래쪽을 향하
여 수차의 물받이 선단과 동심원상으로 인접한 벽면, 즉 원호상의 흥
벽을 가지고 있다.

스미튼은 물의 위치에너지를 활용하려는 생각에서 앞돌림 수차를
권장하여 19세기 중반 이후 그림 3-23과 같은 밑돌림 수차는 그림
3-24와 같은 앞돌림 수차로 상당수 대체되었다.

앞돌림 수차는 물의 무게에 의해서 작동하기 때문에 효율은 좋지만 다음과 같은 결점이 있었다. 즉 도수로 높이 이하로 유입수면이 떨어진 경우에는 수차 운전이 불가능하게 되고, 또 배수면이 상승하여 수차 바닥이 수몰한 경우에는 성능 저하를 초래한다. 그 때문에 그림 3-25에 보인 안내 날개가 있는 게이트를 갖춘 허리돌림 수차가 고안되어 19세기 초반에 이르러서는 앞돌림 수차 이상으로 보급되었다.

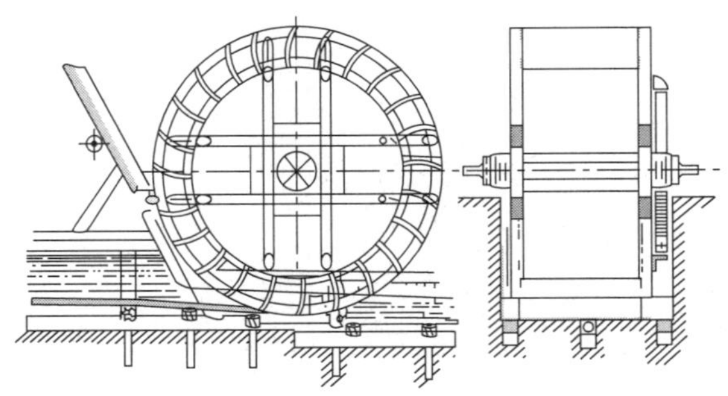

그림 3-23　**바닥흐름 게이트를 가진 밑돌림 수차**

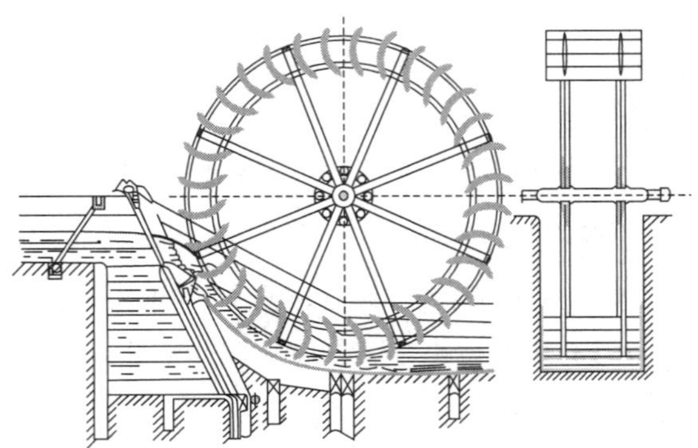

그림 3-24　**월류 게이트를 가진 앞돌림 수차**

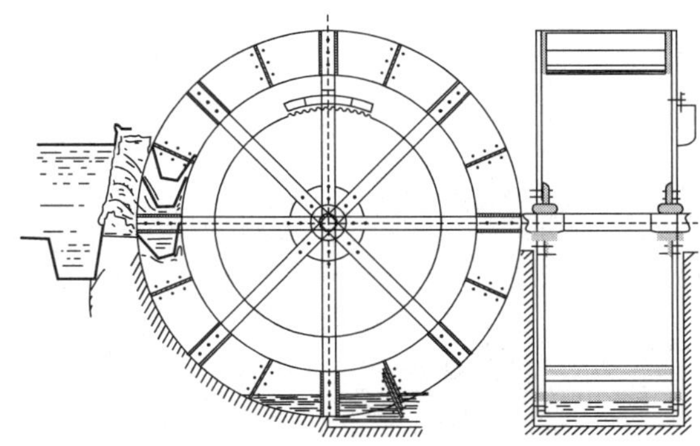

그림 3-25 안내날개가 있는 게이트를 가진 허리돌림 수차

3·9 새로운 형식의 수차

스미튼의 실험적 연구성과는 그 후 1767년에 볼더에 의해서 이론적
으로 올바르다는 것이 증명되었다. 또 볼더는 수차가 높은 효율을 얻
기 위해서는 수차의 물받이에 물이 충돌함이 없이 유입하고 가급적
수차에서 물이 저속으로 유출되도록 하여야 한다는 사실을 규명했다.
이 이론은 1782년 카르노에 의해서 지지를 받았다.

볼더와 카르노의 아이디어에 바탕한 새로운 형식의 수차는 19세기
초반부터 중반에 걸쳐 제작되었으며, 그것은 철재를 사용한 고효율
수차였다. 이 수차는 구조가 간단하고 비교적 고회전의 밑돌림 수차
의 장점을 유지하면서 효율이 높은 수차를 설계하려고 시도한 것으
로, 1820년대에 고안된 퐁슬레 수차 (Poncelet wheel)이다.

이 수차는 그림 3-26과 같이 날개 끝이 굽어져 있기 때문에 물이
충돌없이 유입하고 날개면 위를 상승하지만 점차 정지하여 다시금 날
개면 위를 강하하여 날개에서 유출하는 것이다. 이 날개에서 유출부
의 상대속도는 주속도의 방향이 역방향이므로 주속도를 적절히 설정
하면 수차에서 유출하는 물의 속도는 거의 제로로 할 수 있다.

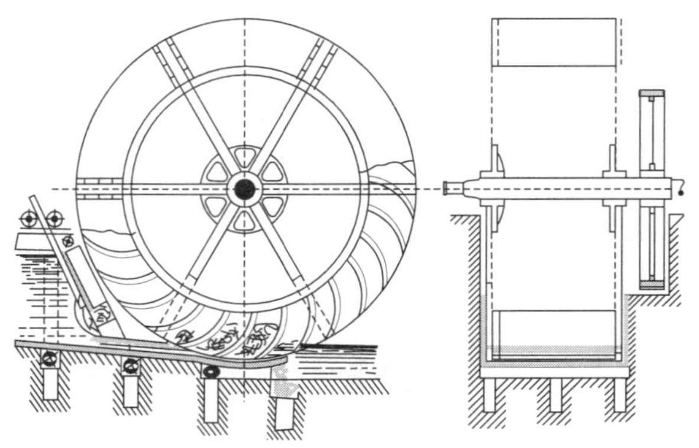

그림 3-26 **퐁슬레 수차**

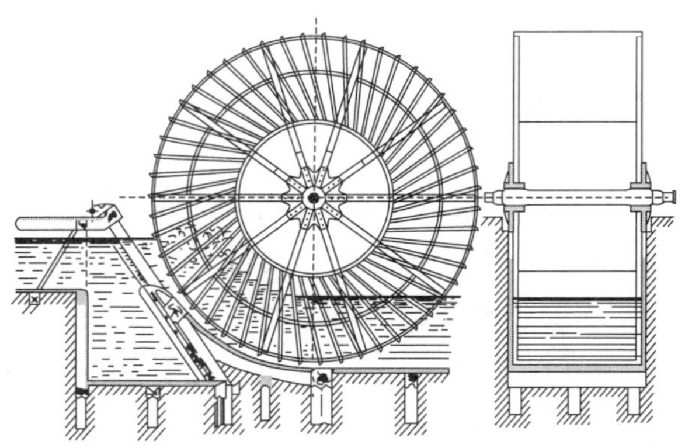

그림 3-27 **사주비앵 수차**

이 밖의 것으로서, 앞돌림 수차를 개량한 그림 3-27의 사주비앵 수차(Sagebien wheel)와 그림 3-28의 츠핑거 수차(Zuppinger wheel) 등이 있다.

사주비앵 수차는 수차의 주속도를 작게 하여 하류방향으로 기울어진 날개 사이에 서서히 물을 유입시키면 물의 중량에 의해서 수차를 작동시킨 후 물은 저속으로 수차를 유출하도록 설계되어 있다.

츠핑거 수차는 유출 손실이 적도록 약간 S자형으로 굽어진 날개에 비교적 고속으로 유입한 물이 날개면 위를 상승할 때 수차에 동력을

부여하고, 또 날개 사이에 존재하는 물의 중량이 수차 출구까지 수차
에 작용하도록 되어 있다.

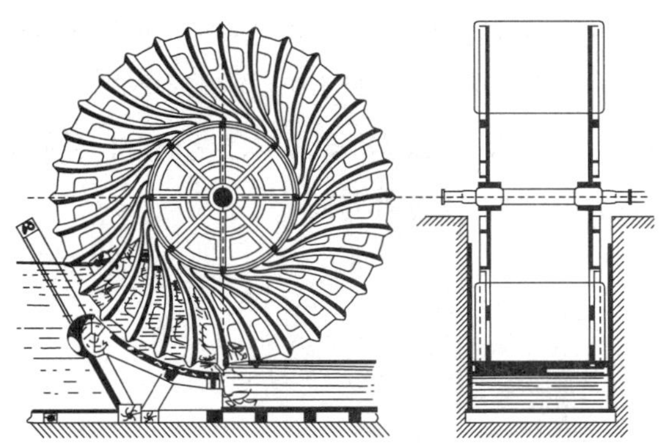

그림 3-28 **츠핑거 수차**

이처럼 입형 수차는 증기기관이 실용화된 후에도 대용량화, 고효율
화하여 19세기경에 그 전성기를 맞이했다.

3·10 물터빈의 출현

입형 수차(立形水車)는 상술한 바와 같이 착실하게 발전하였지만
가로형 수차(橫形水車)는 18세기까지 직선 날개가 곡선 날개로 변화
되었거나 수차를 케이싱으로 둘러싸는 등 약간 개량이 가해진 정도
로, 제분용으로 이용되었을 뿐이었다. 그러다 18세기에서 19세기 초
반에 걸쳐 공업화에 따른 동력 부족에 대처하기 위해 많은 기술자들
이 이 가로형 수차를 효율면에서 입형 수차와 경쟁할 수 있을 정도로
향상시키려는 연구를 거듭했다.

바르던은 이러한 성과를 바탕으로 1824년에 물터빈이라고 이름을
붙인 외향 반경류(外向半徑流) 고속 입축 수차에 관한 이론을 발표
했다.

　푸르네롱은 1827년에 그림 3-28에 보인 것과 같은 효율이 좋은 외향 반경류의 반동 입축 물터빈을 성공시켜 실용토록 함과 동시에 그 후에도 개량을 거듭하여 출력 증가를 도모했다.

　이 물터빈의 결점을 개선한 것으로서 19세기경 내향 반경류를 갖는 근대형 입축 물터빈이 프랜시스 물터빈이 발명되었다.

　이 물터빈의 구조는 그림 3-28과 같으며 발전기의 실용화와 더불어 발전용으로 빠른 추세로 대형화되었다.

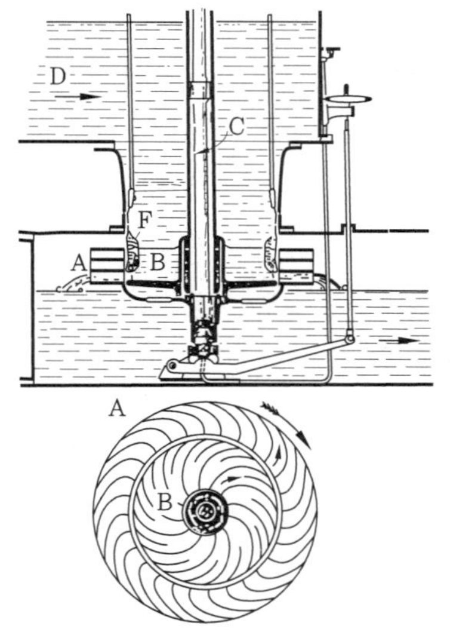

그림 3-29 **푸르네롱 물터빈**

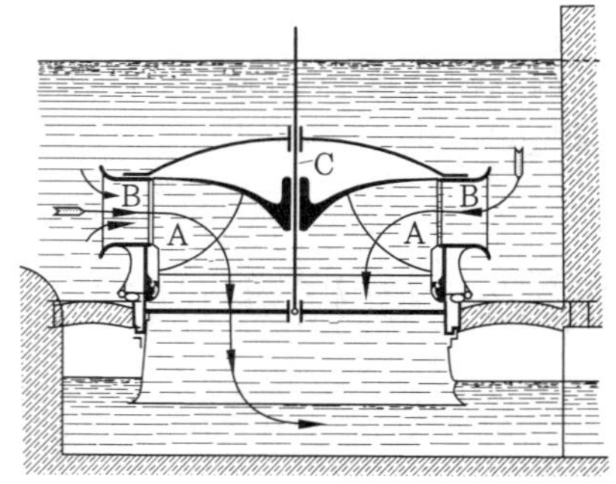

그림 3-30 **프랜시스 물터빈**

　재래형 입형 수차는 회전이 낮기 때문에 물터빈에 비하여 출력당 중량이 크고 발전기를 운전하는 증속장치가 필요한 결점이 있기 때문에 수력발전의 실용화화 관련하여 효율면에서는 충분히 대항할 수 있음에도 불구하고 1880년대 이후 점차 쇠퇴의 길로 들어섰다.

제 4 장
각종 수차 설계와 실험

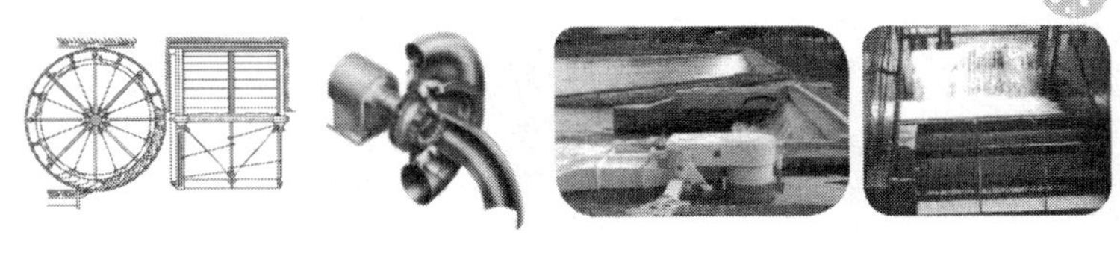

4·1 위돌림 수차

수차를 설계하려고 할 때 사전에 알아두어야 할 요소들, 혹은 설치하는 현장 주변 측량에서 결정되는 항목으로는 이용가능한 수량 $Q\,[\mathrm{m}^3/\mathrm{s}]$, 실낙차 $(h_1-h_2)[\mathrm{m}]$, 유입속도 $v_1\,[\mathrm{m/s}]$, 유출속도 $v_2\,[\mathrm{m/s}]$가 필요하다.

이 수치를 토대로 수차의 출력에서 기술한 식을 구사하여 수차의 유효낙차 $H\,[\mathrm{m}]$를 구하고, 요구되는 수차출력 $L\,[\mathrm{kW}]$에 대응한 유량이 다음 식 (4.1)과 같이

$$Q=\frac{L}{9.8\,\eta H} \quad\cdots\cdots\cdots (4.1)$$

로 정해지게 된다. 단, 식 중의 수차효율 η는 표 4-1을 참조하여 적당한 값을 가정해 둘 필요가 있다.

표 4-1 **수차의 물 충만율**

수차의 종류	물의 충만율
위돌림 수차	$0.25\sim0.50$
가슴돌림 수차	$0.33\sim0.67$
저류 게이트를 갖는 앞돌림 수차	0.50
밑돌림 수차	0.50

그러나 이와는 별도로 그라스호프는 유효낙차 $H\,[\mathrm{m}]$, 수차 바깥둘레 (외주)의 주속도 $u\,[\mathrm{m/s}]$의 함수로

$$\eta=0.8+\frac{H}{80}-0.018\,u^2-\frac{0.094\,u^2+0.48}{H} \quad\cdots\cdots (4.2)$$

을 부여하고 있다.

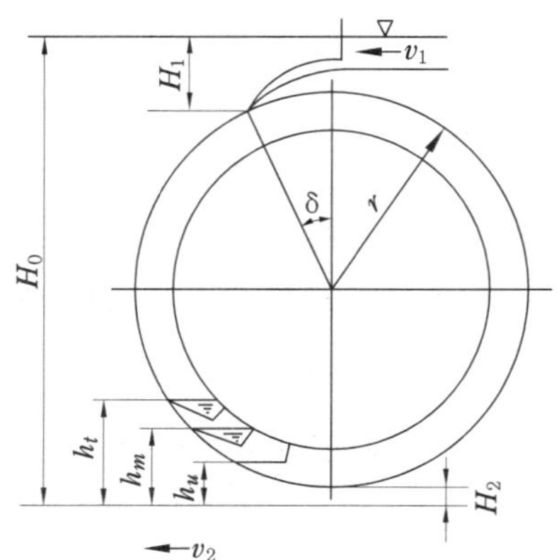

그림 4-1 위돌림 수차 물받이에서의 배출높이

먼저 그림 4-1을 참조하여 수차 최하단의 배수면에서의 수직높이 H_2 [m], 수차 하부 물받이로부터의 평균 배출높이 z_2 [m]에 대하여 검토하여 보자. 수차는 배출면에 담가지지 않고 약간 높은 위치에 설치하여 일반적으로 H_2 [m]는

$$H_2 = 0.05 \sim 0.1$$

로 선정한다. 특히 저낙차인 경우 H_2를 크게 잡으면 수차효율을 감소시키게 된다. 다음에 z_2는

$$z_2 = \frac{h_m}{2} + \frac{h_t + h_u}{4} \quad \cdots\cdots\cdots\cdots\cdots\cdots\cdots\cdots\cdots (4.3)$$

가 된다. 여기서 h_t는 어떤 물받이에서 물이 막 유출하려고 할 때, h_u는 유출이 끝났을 때, h_m은 이 사이 물받이 용적의 절반의 양을 유지하고 있을 때의 높이다. 이 배출높이의 견적에 대해서는 물받이의 형상과 유출방식을 고려한 여러 가지 방법을 생각할 수 있지만 결국에는 작도를 통하여 배출 시작에서 끝날 때까지의 과정에서 위의 식과 같은 평균적인 값을 구하게 된다.

주속도 u의 가정에 있어, 수차 출구에서의 손실헤드 y_2 [m]를 부여하는 식은 위의 식 H_2, z_2를 포함하여

$$y_2 = \frac{u^2}{2g} + H_2 + z_2 \quad\text{(4.4)}$$

로 표시된다. 이 y_2를 가급적 작게 하여 수차 효율을 높이기 위해서는 식 중의 u를 가능한 한 작게 할 필요가 있다. 그러나 u를 너무 작게 선정하면 수차의 폭 b [m]를 부여하는 식

$$b = \frac{Q}{auk} \quad\text{(4.5)}$$

로 명백하듯이 수차 폭이 너무 크게 되고, 따라서 중량이 크고 비용도 많이 들게 된다. 위 식의 a [m]는 그림 4-2와 같이 물받이의 깊이, k는 물받이에서 물의 충만율이다. 따라서 경험적으로 u는 유효 낙차 H의 대소에 따라 2.2 m/s에서 1.5 m/s 범위로 정하는 것이 가장 적합하다.

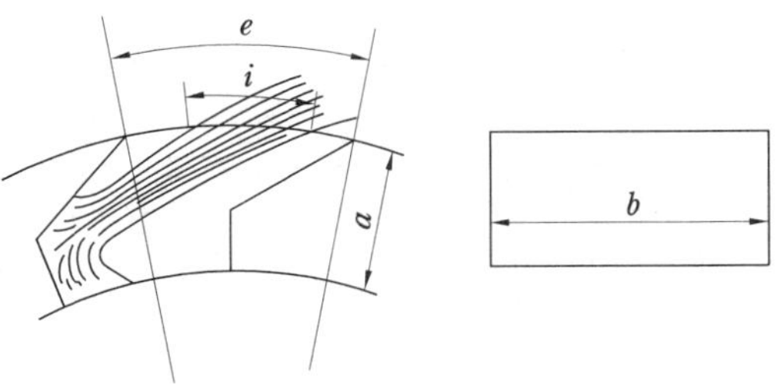

그림 4-2 **수차 물받이로의 유입**

위 식의 k의 값은 물받이부 전체 용적에 대한 물의 충만 정도를 의미하는 것으로, 이것을 크게 취하면 위 식에서 곱 ab는 작아지고 물받이 깊이 a는 그다지 광범위하게 변화시킬 수 없다고 한다면 수차 폭 b는 작게 선정할 수 있으므로 수차는 경량, 적은 비용으로 가능하게 된다.

또 k가 클수록 물받이 공간의 높은 위치에서 보다 많은 물을 채울 수 있어 그림 4-3에서 보듯이 수차로 유입하는 상대속도 w_2 [m/s]는 작아지는 결과

$$y_1 = \frac{w_2^2}{2g} \quad \cdots\cdots\cdots\cdots\cdots\cdots\cdots\cdots\cdots\cdots\cdots\cdots\cdots\cdots\cdots (4.6)$$

로 표시되는 수차입구에서의 손실헤드 y_1 [m]은 작게 할 수 있다. 그러나 한편, 수차에서 유출되는 물이 높은 위치에서 시작하는 것이 되어 z_2가 크게 되고 수차 출구의 손실헤드 y_2는 k의 증가와 더불어 크게 되는 불리한 점도 발생한다. 따라서 k의 유효한 값으로 표 4-1과 같이 위돌림 수차로서는

$$k = 0.25 \sim 0.50$$

을 가정하는 것이 좋다.

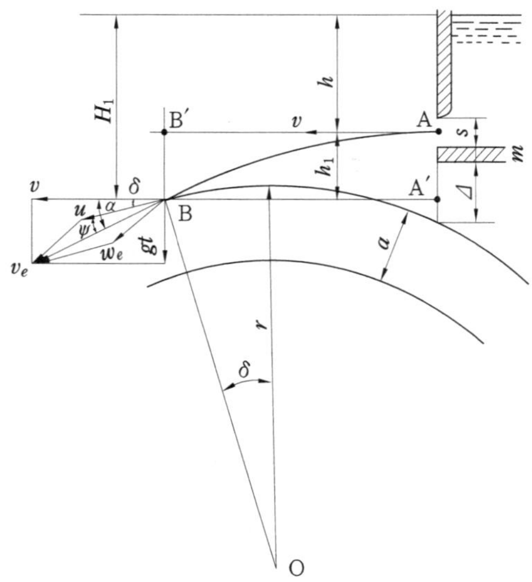

그림 4-3 **도수로에서 위돌림 수차로의 유입**

다음은 물받이 깊이 a[m]를 가정해 보자. 상술한 바와 같이 주속도

u, 충만율 k이 결정되었을 때 a를 크게 취하면 수차 폭 b는 작게 되지만 손실헤드 y_1을 크게 하므로 a의 적당한 값으로는 일반적으로 $0.25 \sim 0.4\,\mathrm{m}$가 선정된다. 이와는 별도로 바흐는 수차 유효낙차의 함수로

$$a = \frac{1}{6}\sqrt[3]{H} \sim \frac{1}{4}\sqrt[3]{H} \quad\cdots\cdots\cdots\cdots\cdots\cdots\cdots (4.7)$$

을 제안하여 소수량 · 저낙차에서 a를 작게, 대수량 · 고낙차에서 큰 a를 선정할 것을 권장하고 있다.

이처럼, Q, u, k, a가 결정되면 수차 폭 $b\,[\mathrm{m}]$는 식 (4.5)로 구해지고, 또 분류의 폭 $b_0\,[\mathrm{m}]$는

$$\frac{b_0}{2} = \left(\frac{b}{2} - 0.2\right) \sim \left(\frac{b}{2} - 0.1\right) \quad\cdots\cdots\cdots\cdots\cdots (4.8)$$

로 계산된다.

물이 수로를 벗어나는 속도 $v\,[\mathrm{m/s}]$를 크게 하면 평균유입점 (혹은 물받이의 물이 절반만 차 있는 상태를 생각한다)에 유입하는 절대속도를 증가시켜, 결과적으로 손실헤드 y_1을 증가시키게 된다. 이 관점에서는 v를 작게 하고 싶지만 그러나 주속도 u보다는 큰 값을 취할 필요가 있다. 그 이유는, 이렇게 함으로써 적어도 수차 물받이면에 대한 충격으로 인한 현저한 손실헤드는 피할 수 있기 때문이다.

대부분의 경우 수차로 유입하는 물의 절대속도 $v_e = 1.75u \sim 2u$를 만족시키도록 u를 거슬러 올라가 정하려 하며, 이에 대하여 바흐는 다음 식을 부여하고 있다.

$$v = 2.5\sqrt{u} \quad\cdots\cdots\cdots\cdots\cdots\cdots\cdots\cdots\cdots (4.9)$$

도수로로부터의 물의 유출 손실헤드 $y_0\,[\mathrm{m}]$는

$$y_0 = \zeta \frac{v^2}{2g} \quad\cdots\cdots\cdots\cdots\cdots\cdots\cdots\cdots (4.10)$$

로 주어져 $\zeta = 0.12 \sim 0.20$의 값을 취한다. 따라서 그림 4-3의 도수로 수면과 출구공 중심의 수직거리 h [m]는

$$h = \frac{v^2}{2g} + y_0 \quad\text{...} (4.11)$$

로 구한다. 또 속도 v의 분류 두께, 즉 출구공의 높이 s [m]는

$$s = \frac{Q}{v b_0} \quad\text{...} (4.12)$$

로 주어진다.

이어서 수차로 들어오는 물의 유입점 각도 δ를 구한다. 그림 4-3에 보인 바와 같이 δ는 유입 시작점 B에 그은 수차 반지름이 수직 중심선과 이루는 각도인데, 이것이 커질수록 B점은 수차 정점에서 멀어진다. 따라서 상술한 평균유입점이 낮고 입구 손실헤드 y_1이 커지므로 B점을 정점으로 가져오는, 즉 $\delta = 0$으로 하는 것이 가장 적합하다. 바흐는 정점에서 오히려 약간 뒤쪽, 즉 δ의 마이너스 방향으로 B점을 이동시킴으로써 수차 효율이 상당히 개선되었다고 기술하고 있다. 그러나 이때는 적당한 시동장치가 필요하다. 또 $\delta = 10°$를 장려한 문헌도 있다.

δ가 구해지면 유입점의 물의 절대온도 v_e와 주속도 u가 이루는 각도 ϕ는 그림 4-3에 따라

$$\phi = \alpha - \delta \quad\text{...} (4.13)$$

로 된다. 여기서 α는 점 B에서 v_e가 수평선을 이루는 각이다.

위 식의 ϕ가 작아질수록 주어진 v_e에 대하여 입구 손실헤드 y_1를 감소시키는 것으로 이어진다. 충격없이 유입하는 입구 손실헤드가 작은 물받이 형상은 출구 손실 경감에도 유효하다. 지금 $\delta = 0$이거나 이에 가까운 값으로 하면 위 식에서 ϕ를 작게 하면 α는 당연히 작아진다.

그림 4-3과 같이 출구공 중심에서 유입점까지의 수직 높이를 h_1으

로 하면

$$h_1 = \frac{1}{2}gt^2 = \frac{1}{2}g\left(\frac{v_e\sin\alpha}{g}\right)^2 = \frac{v_e^{\,2}\sin^2\alpha}{2g} \quad\cdots\cdots\cdots\cdots (4.14)$$

로 된다.

α를 작게 하면 h_1을 작게 할 수 있지만 수차 외주와 수로바닥에 적당한 간격 $\varDelta$가 필요하므로 함부로 작게 할 수 없다. 필요한 경우 후에 변경하는 것으로 하여

$$\alpha - \delta = 10\sim15°$$

로 하여 전술한 δ의 값에서 α를 정한다. $\delta = 0$이면 $\alpha = 12\sim15°$를 사용한다.

수차로의 유입 절대온도 v_e [m/s]는

$$v_e = \frac{v}{\cos\alpha} \quad\cdots\cdots\cdots\cdots\cdots\cdots\cdots\cdots\cdots\cdots\cdots\cdots (4.15)$$

로 주어진다. 따라서 도수로 수면에서 유입점까지의 수직거리 H_1 [m]는

$$H_1 = \frac{v_e^{\,2}}{2g} + y_0 \quad\cdots\cdots\cdots\cdots\cdots\cdots\cdots\cdots\cdots\cdots (4.16)$$

로부터 구할 수 있고, y_0는 식 (4.10)의 유출 손실헤드이다.

이상으로 수차로 들어오는 물의 유입점 B의 위치가 정해지면 출구공 중심을 원점으로 하는

$$AB' = \frac{v_e^{\,2}\sin2\alpha}{2g}$$

$$AA' = h_1 = H_1 - h = \frac{v_e^{\,2}\sin^2\alpha}{2g} \quad\cdots\cdots\cdots\cdots\cdots (4.17)$$

의 좌표를 얻을 수 있게 된다.

다음에 수차 외주 반지름 r [m]는 그림 4-1에서 명백하듯이

$$H_1 + r\cos\delta + r + H_2 = H_0$$

이므로 r는

$$r = \frac{H_0 - H_1 - H_2}{1 + \cos\delta} \quad\cdots\cdots\cdots\cdots\cdots\cdots\cdots\cdots\cdots\cdots\cdots (4.18)$$

로 주어지고, 수차 정점에 물이 유입하는 $\delta = 0$의 경우

$$r = \frac{H_0 - H_1 - H_2}{2} \quad\cdots\cdots\cdots\cdots\cdots\cdots\cdots\cdots\cdots\cdots\cdots (4.19)$$

로 된다.

수로 바닥부와 수차 외주 사이에는 안전상 적당한 간격 Δ [m]를 취할 필요가 있으므로 이미 구한 r의 값은 이 점을 배려해야 한다.

수로 바닥의 두께 m [m]는 그 강도를 고려하여 유입판을 장착하는 경우, 수차 폭에 맞추어 0.004~0.01 m 정도로 잡는다. Δ는 물의 부착을 고려하여, 수차 외주가 정확하게 회전하고, 또 그 지름이 전폭에 걸쳐 충분한 정확도가 확보되었으면 작은 값으로 하여도 상관이 없다. 양호한 조건의 철제 수차에서 물 부착이 없을 때 바흐는 $\Delta = 0.005$ m를 부여하고 있다. 일반적인 경우 철제 수차에 대하여 $\Delta = 0.02$~0.03 m, 목제 수차에 대해서는 $\Delta = 0.03$~0.05 m 정도가 권장되고 있다.

수차의 매분당 회전수 N [rpm]은 주속도 u와 수차 외주 반지름 r 로부터

$$N = \frac{60u}{2\pi r} = 9.55\frac{u}{r} \quad\cdots\cdots\cdots\cdots\cdots\cdots\cdots\cdots\cdots\cdots (4.20)$$

로 주어지고, 얻어진 수치를 전동기어수 비를 고려하면서 취사하여 정수화한다. 이렇게 해서 결정된 N에 대응하는 주속도 u를 위 식에

서 다시 계산하여 u를 최종 결정한다.

상술한 u와 v에 대해서도 임의로 가정한 값이므로 그 값에 집착하지 않아도 된다. b의 결정값으로 $k = \dfrac{Q}{abu}$에서 충만율 k를 체크하여 수정하고, k가 너무 크면 b와 그와 관계되는 값을 변경 수정한다.

상술한 가정과 계산값을 바탕으로 수로 요목에 적응한 수차 중심점, 수차 외주, 그림 4-3의 점 A, B를 결정할 수 있다.

지금 점 A, B를 통하는 포물선을 분류단면의 중심선으로 생각하고, 포물선 AB에 수직방향 상하로 각각 $\dfrac{s}{2}$를 취하면 분류단면의 상하 경계선을 얻는다. 분류의 수평방향 분속도 v는 어느 점에서나 같은 값이므로 분류의 수직방향 단면적은 어디서나 같다.

한편 분류의 절대속도는 A에서 B로 증가하므로 분류 중심선에 직각인 단면적은 A에서 B로 진행함에 따라 감소하게 된다. 지금 그림 4-2의 물받이 유입 때의 분류의 원호(圓弧)상 길이 i [m]를 작도하여 정하고, 그로부터 물받이 간격 e [m]는 바흐에 의하면

$$e = \frac{4}{3}i \sim \frac{3}{2}i \quad\text{(4.21)}$$

또 글래스호프에 의해서

$$e = 0.75a + 0.1 \quad\text{(4.22)}$$

로 한다. 이와 같이 가정한 e를 써서

$$z = \frac{2\pi r}{e} \quad\text{(4.23)}$$

에서 물받이 수를 임시로 얻는다. z는 당연 정수이고 다음 식으로 구하는 암 수 n

$$n = 2r + 2 \quad\text{(4.24)}$$

의 정수화된 것의 배수가 되도록 최종 결정한다. 그 z를 식 (4.23)에

대입 수정하여 e의 최종값을 구한다.

　물받이 형상은 두 조건을 만족시키는 것이 필요하다. 하나는 물받이면에 물이 충격을 주지 않거나 무충격에 가까운 유입 상황이 되는 것, 또 하나는 물받이의 모서리를 넘쳐 유출하기 시작하는 것이 가급적 수차보다 낮은 위치가 되는 형상으로 하는 것이다. 이 두 조건을 동시에 그리고 완전하게 만족시키는 것은 어려운 일이므로 적당한 선에서 만족해야 한다.

　철제 고성능 물받이의 형상도를 그림 4-4와 같은 작도법으로 얻는다. JJ_1을 반지름 방향으로 취하여

$$J_1E = 1.3e{\sim}1.25e, \quad JF = 0.33a{\sim}0.4a$$

이와 같이 정한 점 E, F를 통하는 반지름 r_s

$$r_s = 2 \cdot EF{\sim}3 \cdot EF$$

의 원호를 그리고, 점 F의 각을 적당히 둥글게 한다. a와 e는 이미 구한 값이다. 목제 물받이는 그림 4-5에 보인 방법으로 그린다. 즉

$$JF = 0.4a{\sim}0.5a, \quad J_1F = 1.25e$$

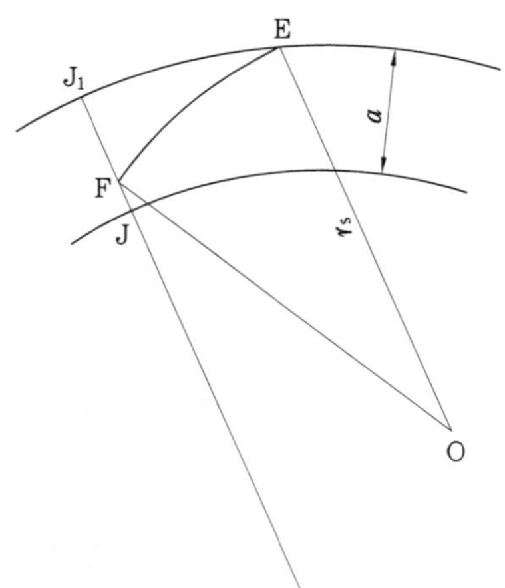

그림 4-4　**철제 물받이의 형상**

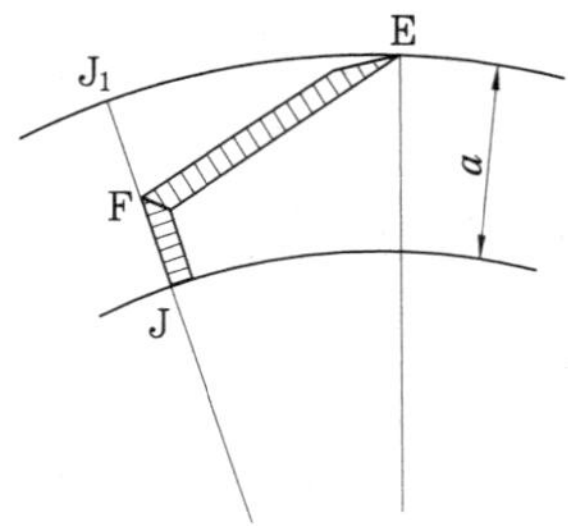

그림 4-5　**목제 물받이의 형상**

4·2 위돌림 수차의 설계 예

앞에서는 위돌림 수차의 개략적인 설계요령을 기술했다. 그 설계요목과 순서가 4 · 1대로가 아닐지라도 실제로 수치를 대입한 예를 고찰하여 보자. 실낙차 5.3 m, 유효낙차 5 m, 수량 0.4 m³/s, 회전수 8 rpm의 위돌림 수차 정점에 분류가 유입하는 경우 후의 수정을 조건으로, 먼저 수차 외주지름을

$$d = 2r = 4.5 \text{ m}$$

로 가정한다. 이 예에서는 이미 회전수가 주어져 있으므로 식 (4.20)에 의해

$$u = \frac{rN}{9.55} = \frac{2.25 \times 8}{9.55} = 1.885 \text{ m/s}$$

로 주속도를 구하고, 이 값은 앞 절에서 설명한 경험값 범위 안에 있다. 식 (4.9)에서 수로를 벗어나는 분류속도는

$$v = 2.5\sqrt{u} = 2.5 \times \sqrt{1.885} = 3.433 \text{ m/s}$$

가 된다. 따라서 그 속도헤드는

$$\frac{v^2}{2g} = \frac{3.433^2}{19.6} = 0.601 \text{ m}$$

도수로로부터의 물의 유출 손실헤드 y_0 [m]는 ζ를 0.15로 하면

$$y_0 = \zeta \frac{v^2}{2g} = 0.15 \times 0.601 = 0.090 \text{ m}$$

도수로 수면과 분출구 중심의 수직거리 h [m]는 식 (4.11)에서

$$h = \frac{v^2}{2g} + y_0 = 0.601 + 0.090 = 0.691 \text{ m}$$

로 주어진다.

다음에 물받이 깊이 a [m]는 식 (4.7)에 의해

$$a = \frac{1}{6}\sqrt[3]{H} \sim \frac{1}{4}\sqrt[3]{H} = \frac{1}{6}\sqrt[3]{5} \sim \frac{1}{4}\sqrt[3]{5} = 0.285 \sim 0.427 \text{ m}$$

평균값 $\dfrac{0.285 + 0.427}{2} = 0.356$ m는 경험값을 만족한다.

지금 a를 0.35 m로 하고, 물받이 충만율 $k = \dfrac{1}{3}$ 로 하면 수차 폭 b [m]는 식 (4.5)에 의해

$$b = \frac{Q}{auk} = \frac{0.4 \times 3}{0.35 \times 1.885} = 1.818 \text{ m}$$

가 된다. 따라서 분류의 폭 b_0 [m]는 식 (4.8)을 써서

$$\frac{b_0}{2} = \left(\frac{b}{2} - 0.2\right) \sim \left(\frac{b}{2} - 0.1\right) = \left(\frac{1.818}{2} - 0.2\right) \sim \left(\frac{1.818}{2} - 0.1\right)$$
$$= 0.709 \sim 0.809 \text{ m}$$

그 평균값을 취하여 $\dfrac{0.709 + 0.809}{2} = 0.759$ m, $b_0 = 1.518$ m로 정해진다. 분류의 두께 s [m]는 식 (4.12)에서

$$s = \frac{Q}{vb_0} = \frac{0.4}{3.433 \times 1.518} = 0.077 \text{ m}$$

이 예에서는 분류가 수차 정점에 유입하는 것이므로 그림 4-3의 $\delta = 0$ 이고 그 때의 유입 절대속도 v_e 가 수평선과 이루는 각도 $\alpha = 15°$ 로 하면 식 (4.15)에 의해

$$v_e = \frac{v}{\cos \alpha} = \frac{3.433}{\cos 15°} = \frac{3.433}{0.966} = 3.554 \text{ m/s}$$

식 (4.14)에 의해

$$h_1 = \frac{v_e^{\,2}\sin^2\alpha}{2g} = \frac{3.554^2 \times (\sin 15°)^2}{19.6} = 0.043 \text{ m}$$

식 (4.16)에 의해

$$H_1 = \frac{v_e^{\,2}}{2g} + y_0 = \frac{3.554^2}{19.6} + 0.90 = 0.735 \text{ m}$$

이상으로 물의 유입점 B의 좌표는 식 (4.17)에 의해

$$\text{AB}' = \frac{v_e^{\,2}\sin 2\alpha}{2g} = \frac{3.554^2 \sin(2 \times 15°)^2}{19.6} = 0.322 \text{ m}$$

$$\text{AA}' = h_1 = 0.043 \text{ m}$$

로 얻을 수 있다. 이어서 수차 최하단의 배수면에서의 높이 H_2 [m]는 식 (4.19)를 써서

$$H_2 = H_0 - H_1 - 2r = 5.3 - 0.735 - 4.5 = 0.065 \text{ m}$$

로 되고, 이 값은 앞 절의 경험값 범위 안에 있어 적당하다.

물받이 상의 분류 원호 길이 i는 작도로 구할 수 있는데, 지금 가령 $i = 0.30$ m로 하면 식 (4.21)에 의해 물받이 간격 e [m]는

$$e = \frac{4}{3}i \sim \frac{3}{2}i = 0.4 \sim 0.45 \text{ m}$$

혹은 식 (4.22)에 의해

$$e = 0.75\,a + 0.1 = 0.75 \times 0.35 + 0.1 = 0.363 \text{ m}$$

중간을 취해서 $e = 0.40$ m로 하면 물받이수 z는 식 (4.23)에 의해

$$z = \frac{2\pi r}{e} = \frac{4.5\pi}{0.4} = 35.34$$

암 수 n은 식 (4.24)에 의해

$$n = 2r + 2 = 6.5$$

n은 6이나 8로 하지만 가령 $n = 6$을 택하면 그 정수배를 취하여 물받이수는 36이나 42로 되어, 지금 $z = 36$으로 하면

$$e = \frac{2\pi r}{z} = \frac{4.5\pi}{36} = 0.393 \text{ m}$$

가 물받이 간격의 최종값으로 정해진다.

수차효율 η는 y_0, y_1, y_2와 같은 도수로에서 수차 출구에 이르는 손실헤드에다 축받이에서의 마찰손실 등을 포함한 손실헤드 총합 Σy 가 평가될 수 있다면 $\eta = \dfrac{H - \Sigma y}{H}$ 로 구할 수 있다. 글래스호프가 제시한 식 (4.2)에서 이 예제의 효율을 계산해 보면

$$\eta = 0.8 + \frac{H}{80} - 0.018u^2 - \frac{0.094u^2 + 0.48}{H}$$

$$= 0.8 + \frac{5}{80} - 0.018 \times 1.885^2 - \frac{0.094 \times 1.885^2 + 0.48}{5} = 0.64$$

로 되어 위돌림 수차로서는 약간 작은 값이 된다.

4·3 흉벽을 갖는 가슴돌림 수차

유효낙차는 위돌림 수차와 같은 순서로 정해진다. 수차 외주 반지름 r [m]는 적당히 선정해도 상관없지만 크게 취하면 입구 손실헤드 y_1 [m]를 작게 할 수 있다. 그러나 다른 한편 수차가 무겁거나 또 값비싼 것으로 된다.

글래스호프는 역으로 돌리는 형식의 수차에 대하여 $\dfrac{2H}{3}$ 보다 약간 작은 값을 r로 선정하고 있는데, 약간 고낙차인 경우는 반대로 얼마간 큰 값을 취하도록 권고하고 있다. 바흐에 의하면 그림 4-6과 같은 흉벽 유입구가 있는 수차에 대하여 일반적으로

$$r = \frac{H + 3.5}{2} \quad \cdots\cdots\cdots\cdots\cdots\cdots\cdots\cdots\cdots\cdots (4.25)$$

로 하고 있다. 이 식으로 구한 r는 대개 크게 되고, 그 결과 수차 폭과 유입구의 높이가 접근하여 중간돌림 수차에 가까운 형식이 된다.

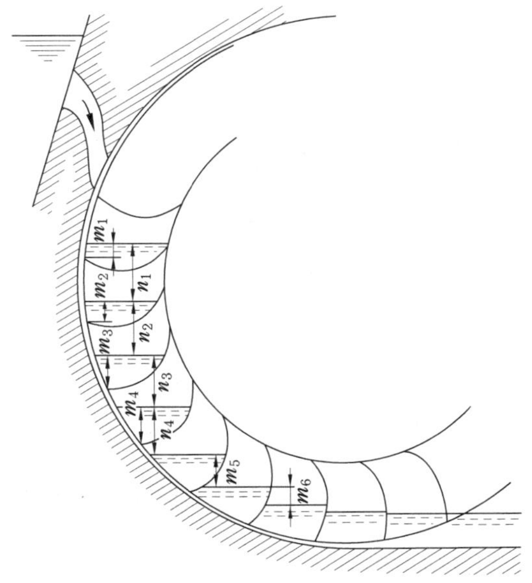

그림 4-6 흉벽 유입구를 갖는 가슴돌림 수차

다음에 주속도 u [m/s]의 가정인데, 위돌림 수차의 항에서 기술한 것이 여기서도 적용된다. 흉벽부에서 물의 누설손실 y_r [m]에 관해서는 오히려 u를 크게 하는 편이 유리하며, 역으로 돌림 수차에서는 위돌림 수차보다 약간 큰 1.6~2.2 m/s를 선정한다. 이 범위에서 고낙차에 대해서는 큰 편의 u를, 저낙차에 대해서는 작게 취한다. 회전수 N은

$$N = 9.55 \frac{u}{r}$$

로 구하고, 이것을 적당히 정수화하여 다시 위 식을 이용하여 u를 최종적으로 결정한다.

물받이 깊이 a의 가정에 대해서 바흐는

$$a = 0.5 \sqrt[3]{\frac{r}{H}} \sim 0.63 \sqrt[3]{\frac{r}{H}} \quad \cdots\cdots\cdots\cdots (4.26)$$

을 부여하고 있다. 그림 4-7과 같이 하수면 변동이 적은 정상 상태에서는

$$a = 2h_e \sim 3h_a \quad \cdots\cdots\cdots\cdots\cdots\cdots\cdots (4.27)$$

에 의해서 h_a를 견적하여 a를 가정한다. 여기서 h_a에 대해서는 뒤에서 설명하는 식 (4.30)으로 주어진다.

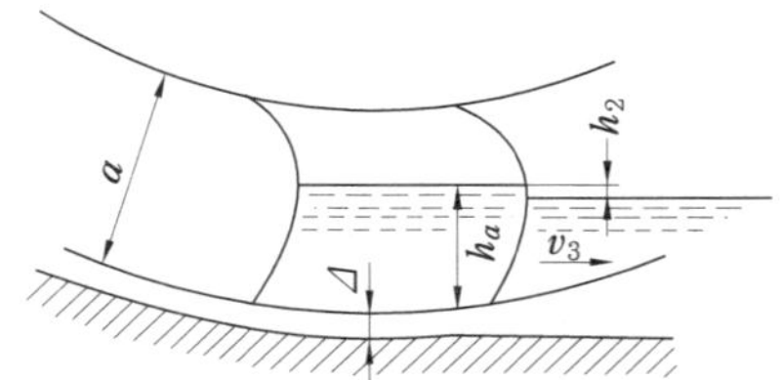

그림 4-7 **가슴돌림 수차 하부의 수면 상태**

물받이에서 충만율 k를 크게 선정할수록 수차는 폭 좁고 값싸게 만들 수 있으며 또한 수차 입구에서의 손실헤드 y_1도 작아진다. 또 k는 y_r에도 영향을 주며 k의 증대도 수차 폭, 더 나아가서는 흉벽, 물받이 간극면을 줄이지만 반면에 그림 4-6에 도시한 압력헤드 m_1, m_2, $\cdots\cdots$을 크게 한다.

물받이 틈을 빠져나가는 누설수량은 $\sqrt{m_1}$, $\sqrt{m_2}$, $\cdots\cdots$에 비례하여 증가하고, 그 때문에 k의 증가(폭 b의 감소)는 y_r에 약간 나쁜 영향을 미치는 결과가 된다. 수차 내부의 물의 누설을 피하기 위해서는 k를 크게 취할 수 없다. 처리 수량의 변동이 심한 경우 그 평균 수량(水量)에 대하여

$$k = 0.35$$

그러나 그 때의 최대수량에서는 $k = 0.60$으로 될 때도 있다. 약간의 변동수량을 처리할 때는

$$k = 0.40 \sim 0.50$$

로 할 수도 있다.

위돌림 수차와 마찬가지로 수차 폭 b [m]는 식 (4.5)에 의해 구해지고 분류의 폭 b_0 [m]는 b보다 얼마간 작아, 대략

$$b_0 = (b - 0.10) \sim (b - 0.15) \quad\cdots\cdots\cdots\cdots (4.28)$$

로 한다.

수차는 물받이수를 많이 할수록 물받이의 물의 양과 그림 4-6의 m_1, m_2, $\cdots\cdots$, n_1, n_2, $\cdots\cdots$도 작고, 따라서 손실헤드 y_r도 작아지지만, 다른 한편 마찰손실, 중량, 코스트는 당연히 커진다. 물받이 간격 e [m]는

$$e = 0.35 \sim 0.50 \text{ m}$$

의 값을 취하고 있다. 낮은 낙차와 철제 물받이에 대해서는 작은 e가 적합하고, 높은 낙차, 목제 물받이에는 크게 취한다.

지금 임시로 채용한 e를 식 (4.23)에 대입하여 물받이수 z를 구한다. 이 값은 수차 암 수의 배수가 되도록 적당히 정수화하고, 식 (4.23)을 써서 e의 최종값을 구한다. 그림 4-7을 참조하여 수차로부터 이탈하려고 하는 물의 평균속도 v_3 [m/s]는 주속도 u와 거의 다르지 않다고 생각해도 무방하지만 근사적으로는

$$v_3 = \frac{u(r - ak)}{r} \quad\cdots\cdots\cdots\cdots\cdots (4.29)$$

로 표시하는 것으로 하고, 이 값에서 배수로 평균속도 v_2로 서서히 감속해 나간다.

다음은 흉벽부와 수로간의 거리 Δ [m]에 대해 고찰한다. 차축을 축받이로 받친 높은 정밀도의 철제 수차가 잘 마무리한 흉벽 안에서 운전되는 경우 Δ는 0.005 m까지 작게 할 수 있다. 일반적인 마무리에서는 철제 수차에 대하여 $\Delta = 0.010 \sim 0.015$ m, 목제 수차에 대하여 $\Delta = 0.020 \sim 0.025$가 채용된다. 또 그림 4-7의 침수깊이 h_a [m]는

$$h_a = \frac{Q}{bv_3} - \Delta \quad\text{(4.30)}$$

로 주어진다. 위의 식으로 h_a가 결정되면 배수면에서 차축 중심점까지의 높이 $r - h_a$가 결정되어 그림 4-8을 그릴 수 있다.

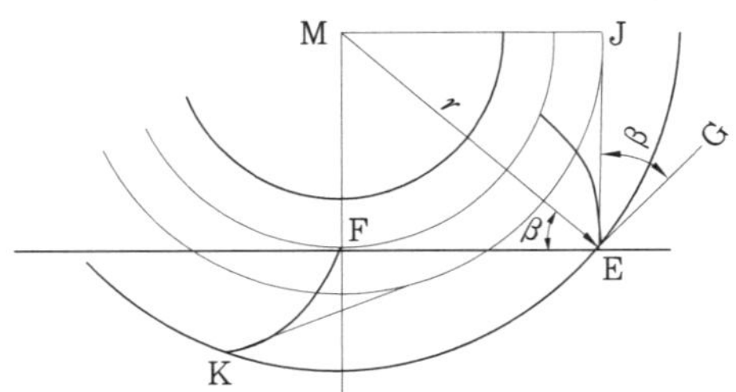

그림 4-8 **가슴돌림 수차의 물받이 형상**

수차축은 직각으로 하수면 EF를 그리면 다음 식이 성립된다.

$$\cos\beta = \frac{\text{EF}}{r}, \quad \beta = \angle\text{JEG} = \angle\text{MEF} \quad\text{(4.31)}$$

물받이 형상은 먼저 F, K점을 통하는 인벌류트 곡선을 그리고, 그림 4-7과 같이 바깥 둘레 부분은 적당히 매끄럽게, 차축 중심방향에는 약간 강하게 굽혀 수차 내주원(內周園)에 접촉하도록 형성한다.

그림 4-9에 보인 수차 외주속도 u와 물의 유입절대속도 v_e가 이루는 각 α는 입구손실 경감을 위해서는 가급적 작은 것이 바람직하지만 너무 작게 하면 분류 출구를 둘레방향으로 길게 하는 결과가 되

고, 특히 몇 개 유출구를 하부로 연속시키는 경우에는 최종적으로 v_e 의 낭비로 이어진다. 따라서 경험적으로 α는

$$\alpha = 22° \sim 30°$$

가 장려되고 높은 낙차, 작은 수량에 대해서는 작은 값을, 낮은 낙차, 큰 수량에 대해서는 크게 취할 수 있다. 평균적으로는 $\alpha = 26°$로 한다.

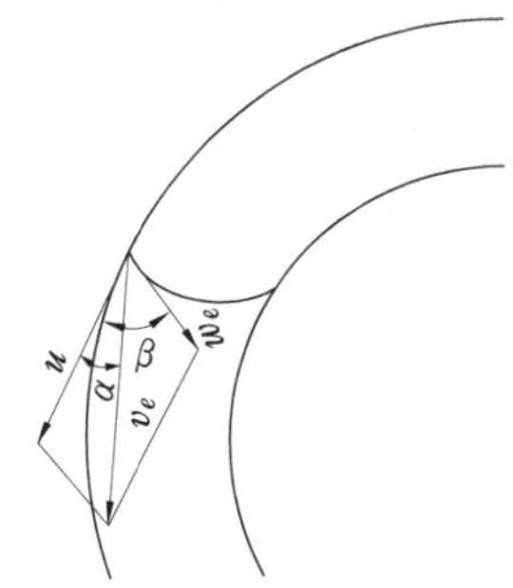

그림 4-9 **유입점의 속도사변형**

상술한 바와 같이 각도, α, β, 주속도 u가 결정되면 그림 4-9의 유입점의 속도사변형을 참조하여

$$v_e = \frac{u\sin\beta}{\sin(\beta-\alpha)} \quad \cdots\cdots (4.32)$$

에서 v_e가 결정된다. 단, 다수의 유출구를 흉벽 원주상에 연속하여 갖는 경우는 최상부에 대한 값이다. 또 도수면에서 수차 유입부까지의 손실헤드 y_0 [m]은

$$y_0 = \zeta \frac{v_e{}^2}{2g} \quad \cdots\cdots (4.33)$$

로 표시되고 바흐는 $\zeta = 0.12 \sim 0.15$를 부여하고 있다. 따라서 그림

4-10의 도수면에서 B점까지의 수직 높이 H_1 [m]는 대략

$$H_1 = \frac{v_e^2}{2g} + y_0 \quad \cdots\cdots\cdots\cdots\cdots\cdots\cdots\cdots\cdots\cdots\cdots\cdots\cdots \text{(4.34)}$$

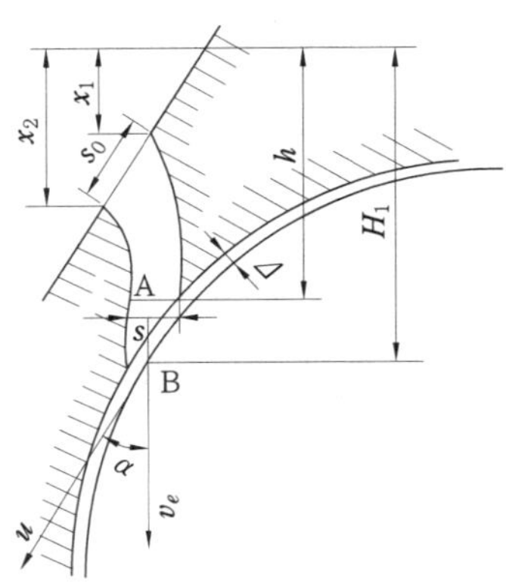

그림 4-10   **도수면에서 수차로 흐르는 유출구**

그림 4-10에서 점 A가 결정되면 도수면에서 유출구까지의 수직거리 h [m]를 알 수 있으므로 유출구 두께 s [m]의 정확한 평가는 어렵다 할지라도 가정은 할 수 있다. s를 작게 선정하면 물을 정확하게 유도할 수 있음과 동시에 최상부의 유출구가 최소 충격수량을 정확하게 부담하는 것이 바람직하다. 따라서 유출구의 폐쇄 방지를 위해서는 지나치게 작게 할 수 없다. s의 값은 상황에 따라 0.05~0.1 m 범위로 취하고, 나뭇잎 등이 부유하지 않는 물뿐인 경우에는 그 최솟값으로 가능하다. 보통 상부 유출구에서는 $s = 0.07$~0.8 m로 되지만 하부가 될수록 약간 넓게 취하도록 한다. 최상부 유출구의 두께 s를 정할 때 먼저 A점을 결정하면 그 유출구를 통과하는 수량 Q_1 [m^3/s]은

$$Q_1 = \phi b_0 s \sqrt{2g(h_1 - y_0)} \quad \cdots\cdots\cdots\cdots\cdots\cdots\cdots\cdots\cdots \text{(4.35)}$$

여기서 h_1은 도수면에서 최상부 유출구까지의 수직거리, 계수 ϕ는 유맥(流脈)에서 유출구 벽면을 따라 떨어질 정도로 크고 정확도가 충분한 경우 $\phi = 1$로 하여도 된다. Q_1이 소망하는 값과 크게 다른 경우 필요에 따라 s와 수차 폭 혹은 분류 폭을 변경 수정한다. 최상부 유출구를 정한 후에 그보다 하부의 Q_2, Q_3을 차례로 구하여 총합 $Q_1 + Q_2 + Q_3$이 적어도 당초의 설계최대수량과 일치해야 할 필요가 있다. 유출구간 격판의 두께는 보통 $4 \sim 8\,\mathrm{mm}$, 측벽 두께는 충분한 강도로 수로와 결합하기 위해 $0.35\,\mathrm{m}$ 정도가 바람직하다.

4·4 다른 형식의 수차

(1) 흉벽을 갖는 앞돌림 수차

수차 외주 반지름 $r\,[\mathrm{m}]$는 유효낙차 $H\,[\mathrm{m}]$의 $1.5 \sim 2$배로 선정하고 상황에 따라서는 더 크게 할 수도 있다. H는 전술한 바와 같이 계산된다. 주속도 $u\,[\mathrm{m/s}]$에 대해서는 물의 입구, 출구에서의 손실헤드가 H 중에서 큰 비율을 차지하지 않도록, 특히 낮은 낙차에서는 이 점을 배려하여 작은 값을 선정한다. 평균적으로 애당초

$$u = 1.2 \sim 1.6\,\mathrm{m/s}$$

로 가정하고, 회전수 $N = \dfrac{9.55\,u}{r}$을 써서 정수화한 N을 여기에 다시 대입하여 고친 최종적인 u를 결정하는 순서는 상술한 바와 같다. 물받이 깊이 a는 식 (4.26)을 이용하거나 츠핑거(Zuppinger)형에 가까운 수차에서는 다음과 같이 선정된다.

$$a = \frac{1}{2}r \sim \frac{2}{3}r$$

어느 경우이든 최고 배수면 위치에서도 물받이에 부딪친 물이 되튀

어올 공간을 갖도록 침수깊이 h_a보다는 큰 값이어야 한다. 충만율 k, 수차 폭 b, 분류 폭 b_0와 물받이부의 제원은 4 · 3에서 기술한 바와 마찬가지이다. 또 v_3에 대해서도 식 (4.29)가 근사적으로 적용되지만 수로의 경사가 알맞게 확보되지 않은 경우 $\dfrac{a}{r}$와 ak가 매우 큰 수차에서는 물받이 침수부의 내외 주속도가 현저하게 다른 점을 배려해야 한다. 또 Δ, h_a, β에 대해서도 4 · 3을 참조하기 바란다.

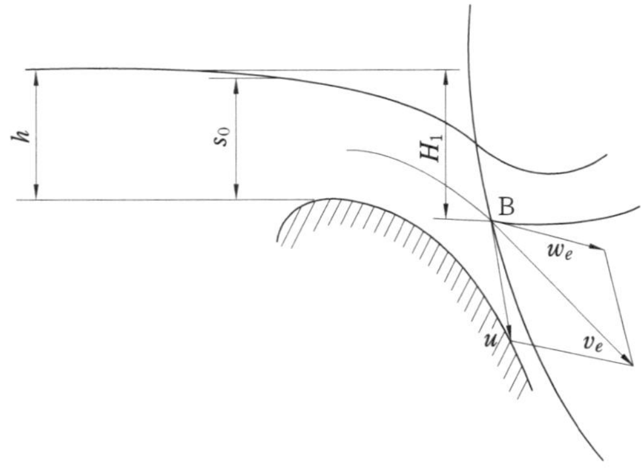

그림 4-11 흉벽을 갖는 앞돌림 수차

그림 4-11의 보의 높이 h는

$$h = \sqrt[3]{\left(\frac{Q}{\mu b_0 \sqrt{2g}} + \sqrt{h_0{}^3}\right)^2} - h_0 \quad\cdots\cdots\cdots\cdots\cdots (4.36)$$

으로 구할 수 있다. 여기서 $k_0 = \dfrac{v_0^3}{2g}$으로 표시되는 보로의 근접속도 헤드, 계수 μ는 적어도 0.52를 취한다.

다음에 그림 중의 $s_0 = 0.9h$로 하고, 이에 의해서 분류의 가운데 선과 오버플로 형태를 도시하고, 차축 가운데 점의 높이는 배수면에서 $r - h_a$의 수평선상에 있다. H_1에 대해서는 가급적 작은 것이 바람직하지만 표준은 $H_1 = 0.35 \sim 0.50\,\mathrm{m}$로 하고 있다. h가 작을수록 H_1도 작아지는데, 당연히 $H_1 > h$이어야 하고, 주속도 u가 작은 경우 작은 H_1이 적합하다. 따라서 그림 4-11의 분류의 가운데선상의 B가 임시로 구해지고, 이것을 통하는 반지름 r의 원을 그리면 수차 중심이 정해진다. 유입점 대속도 v_e [m/s]는

$$v_e = \sqrt{H_1 - y_0} \quad \cdots\cdots\cdots\cdots\cdots\cdots\cdots\cdots\cdots\cdots\cdots (4.37)$$

로 주어져, $y_0 = 0.1\,H \sim 0.12\,H$로 가정한다. 이 v_e와 주속도 u로 점 B 위에 속도사변형을 그리면 상대속도 w_e [m/s]의 크기, 방향이 정해지고 외주상 B점에서 이를 접선하면 곡선이 물받이 입구가 된다. $w_e > u$이면 H_1, r을 수정할 필요가 있다.

(2) 밑돌림 수차

그림 4-12와 같이 유입부의 저류(底流) 게이트, 최하점 부근에 작은 인후(목구멍)부를 갖는 밑돌림 수차에서는 $r = 2 \sim 3.5$ m, 물받이 깊이 $a = 0.35 \sim 0.45$ m로 한다. 게이트는 가급적 수차에 접근시키고, 그 각도는 수직선에 대하여 $\theta = 30°$로 정한다. 물받이 간격 e [m]는

$$e = 0.75a + 0.1 \quad \cdots\cdots\cdots\cdots\cdots\cdots\cdots\cdots\cdots\cdots (4.38)$$

로 구할 수 있다.

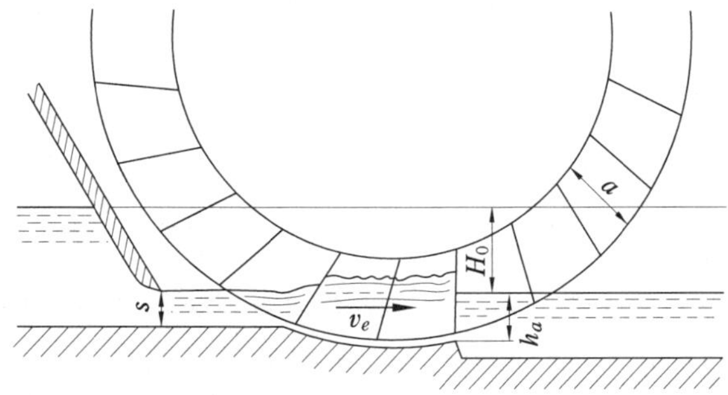

그림 4-12 **저류 게이트를 갖는 밑돌림 수차**

물받이면은 평면이고, 그림에 표시한 바와 같이 인후부에서 떨어질 때 수직이 될 정도로 날개바퀴 원주에 대하여 경사시킨다. 수차로 유입하는 속도 v_e [m/s]는 게이트 직하의 유출속도와 거의 같고, 게이트에 대한 근접속도는 제로라고 생각해도 되므로

$$v_e = \phi\sqrt{2gh_0} \quad\cdots\cdots\cdots\cdots\cdots\cdots\cdots\cdots\cdots\cdots\cdots\cdots\cdots\cdots (4.39)$$

으로 계산된다. 여기서 계수 ϕ는 0.35로 하면 된다. 한편 물받이 충만율 k는 0.5가 바람직하다. 가장 적합한 주속도 u [m/s]는

$$u = 0.4\sqrt{2gH_0} = 1.77\sqrt{H_0} \quad\cdots\cdots\cdots\cdots\cdots\cdots\cdots\cdots\cdots (4.40)$$

로 구한다. 따라서 수차의 폭 b는 전술한 바와 같이 $b = \dfrac{Q}{kua}$ 로부터, 또 분류 폭 $b_0 = (b-0.1) \sim (b-0.15)$ 으로부터 얻는다. 다음에 분류 두께 s [m]는

$$s = \frac{Q}{\mu b_0 \sqrt{2gH_0}} \quad\cdots\cdots\cdots\cdots\cdots\cdots\cdots\cdots\cdots\cdots\cdots\cdots\cdots (4.41)$$

로 계산되어, 계수 μ는 저류 게이트 경사각 $\theta = 30°$에 대하여 0.75가 적당하다. 수차에서 유출하는 물의 수면은 유입하는 수면과 같은 레벨이고, 유입수로의 바닥면은 게이트에서 수차까지 $\dfrac{1}{20}$ 의 기울기가 적당하다.

(3) 퐁슬레 수차

이미 설명한 퐁슬레 수차 (Poncelet wheel)는 밑돌림 수차의 효율을 높이기 위해 고안된 수차이다. 수차가 좋은 효율을 발휘하기 위해서는 상대속도가 물받이 형상에 접선 방향이 되도록 충격없이 유입해야 하고, 물받이에서 나가는 유출 절대속도를 반지름 방향에 제로로 접

근시키는 두 가지 조건이 충족되어야 한다.

그림 4-13은 이 수차 하부의 속도사변형을 나타내고, 표 4-2는 각 제원을 결정하기 위한 경험값이다. 또 표에 기록된 Q는 수차로 유입하는 수량 $[\text{m}^3/\text{s}]$이다.

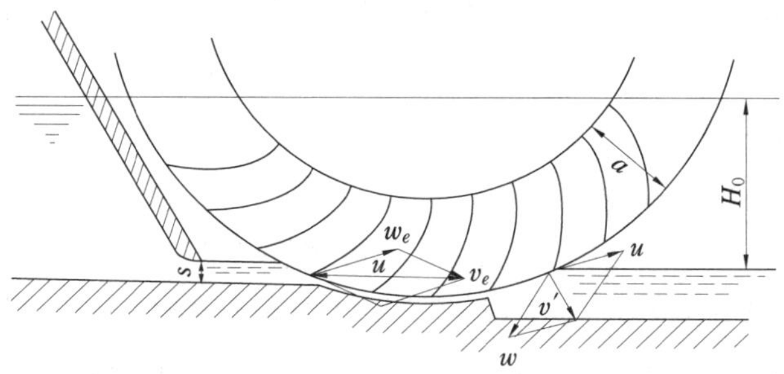

그림 4-13 **퐁슬레 수차 하부의 속도사변형**

표 4-2 **퐁슬레 수차의 주요 치수 결정**

유효낙차 H [m]	0.5~1.0	1.0~1.5	1.5~2.0
수차 바깥둘레의 반지름 r [m]	$H+1$		
바깥둘레의 주속도 u [m]	$2.2\sqrt{H}$		
물받이 수 z	$32+8H$		
물의 유입절대속도 v_e [m/s]	$4.3\sqrt{H}$	$4.1\sqrt{H}$	$4.1\sqrt{H}$
저류 게이트의 높이 s [m]	$0.06\,r$	$(0.04+0.02H)r$	$0.08\,r$
물받이의 깊이 a [m]	$0.1+0.4H$	$0.2+0.3H$	$0.25+0.3H$
유입 분류 폭 b_0 [m]	$\dfrac{Q}{v_e a}$		
v_e와 u가 이루는 각도 α [°]	$12+4H$	$14+2H$	18
날개각, w_e와 u가 이루는 각도 β [°]	$2\alpha+1-H$	2α	36
물받이곡선의 반지름 ρ [m]	$0.2+0.6H$	0.8	1.0
수로 바닥의 경사각 [°]	2.5	2.0	$1+0.5H$

4·5 개방주류형 수차

수차 발전장치는 물이 가지고 있는 에너지를 이용하여 수차를 회전시킴으로써 기계적 에너지로 변환하고 축을 통하여 발전기에 전한다. 발전기는 기계적 에너지를 전자기 유도를 이용하여 전기에너지로 변환하게 된다.

수차를 분류하면 중력(重力) 수차, 충동 수차, 반동 수차, 주류(周流) 수차로 크게 나눌 수 있다. 중력 수차는 물이 낙하할 때의 중력에 의해서 회전하는 수차로 오랜 옛날부터 보편적으로 사용되었다. 충동 수차는 물이 가지고 있는 에너지 중에서 속도에너지에 의한 물의 충격으로 수차를 회전시키는 것으로, 펠턴 수차와 크로스 플로 수차가 이에 속한다. 펠턴 수차는 고낙차(40~300 m)에서 작은 유량(0.1~0.2 m^3/s) 때에 사용되고, 크로스 플로 수차는 중·저낙차(3~100 m)에서 유량에 변화가 있는 곳에 광범위하게 사용되고 있다.

또 반동 수차는 물의 중력에 상관없이 물이 블레이드를 통과하는 사이에 물이 가지고 있는 압력·속도에너지를 수차에 주어 회전시킨다. 프랜시스 수차와 프로펠러 수차는 이 반동 수차에 속한다.

프랜시스 수차는 중·저낙차(8~200 m), 중유량(0.1~3.0 m^3/s) 때에 사용되고, 프로펠러 수차는 저낙차(2~20 m), 대유량(0.2~5.0 m^3/s) 때에 사용된다.

또 개수로(開水路)에 설치하여 물의 흐름의 에너지를 회수할 수 있는 초저낙차(3 m 이하), 대용량(0.2~1.0 m^3/s)에 사용할 수 있는 주류 수차가 있다.

이상 수차의 종류와 각각 특징에 대하여 기술하였는데, 결론적으로 말해서 개방주류형(開放周流形) 수차는 3 m 이하의 낮은 낙차에서 큰 유량에 적합한 수차이고, 크로스 플로 수차는 중·저낙차에서 유량 변동에 적합한 수차이다.

4·6 개방주류형 수차의 기초

물의 유속을 이용하여 회전하는 수차 레이크(water wheel rake)가 있다. 그림 4-14는 수차 레이크 설치도이고, 그림 4-15는 수차 레이크 설치 사진이다.

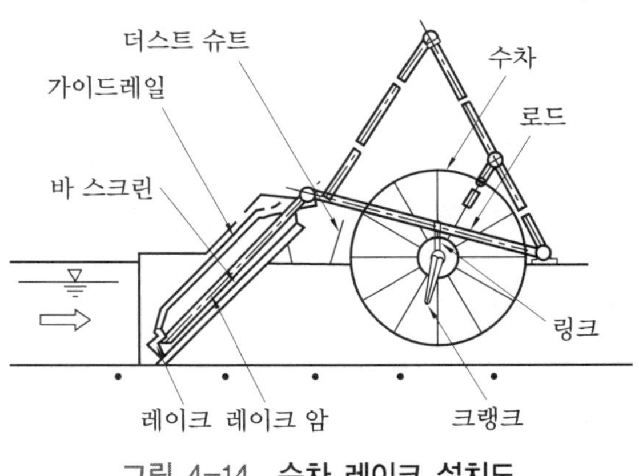

그림 4-14 수차 레이크 설치도

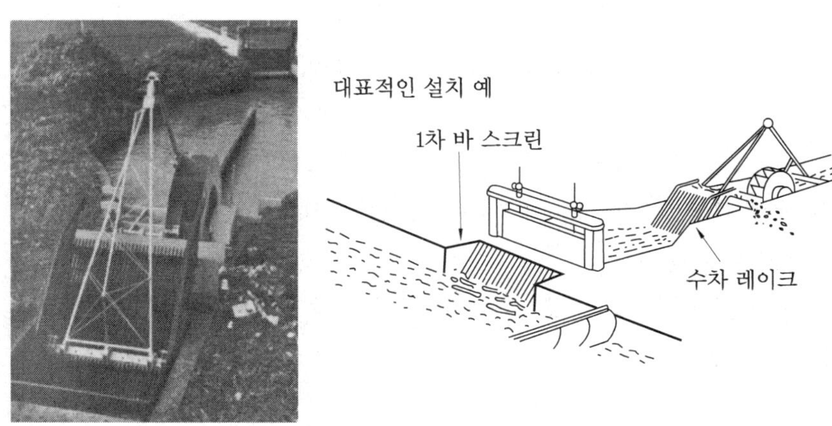

그림 4-15 수차 레이크 설치 사진

　유수 속에 포함된 쓰레기는 바 스크린에 의해서 저지되고 물은 바 스크린을 통과하여 수차 블레이드에 부딪치면 수차는 회전을 위하여 크랭크→ 링 로드→ 레이크 암→ 레이크 순으로 작동한다. 레이크는 상류쪽 가이드 레이크를 따라 하강하고 다시금 상승으로 옮겨져 이 사이클을 반복하는 장치이다. 레이크는 스크린 전면의 쓰레기를 끌어모아 올리면서 상승하면 쓰레기는 상한(上限)에서 덕트로 낙하한다. 이 작업의 설명은 그림 4-16을 참고하기 바란다.

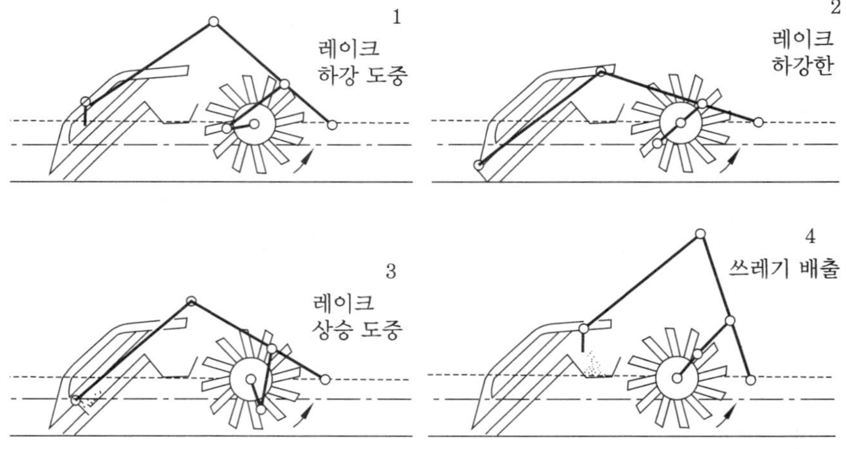

그림 4-16 **수차 레이크 작업 설명도**

　이 수차 레이크가 작동하고 있는 상태를 보면서 그 동작을 먼 곳으로 보낼 수 있다면 이용이 더욱 유효할 것인데, 이는 이 수차로 발전함으로써 가능하다.

　여기서 실험장치를 설치하여 기본적인 수차 실험을 실시한 결과는 그림 4-17과 같다.

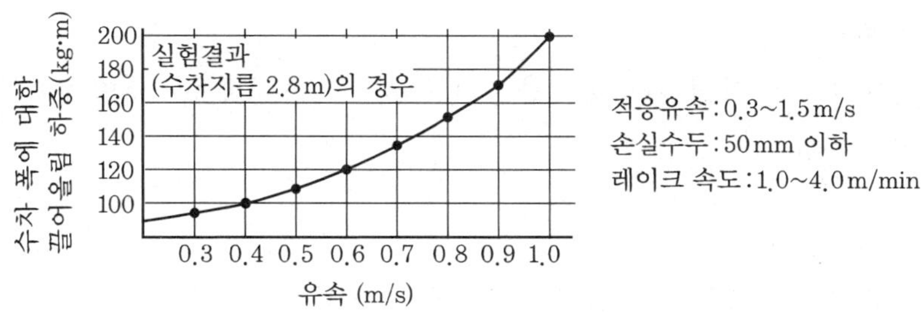

그림 4-17 **수차 레이크 실험 데이터**

4·7 개방주류형 수차의 실험 데이터

(1) 실험설비 개요

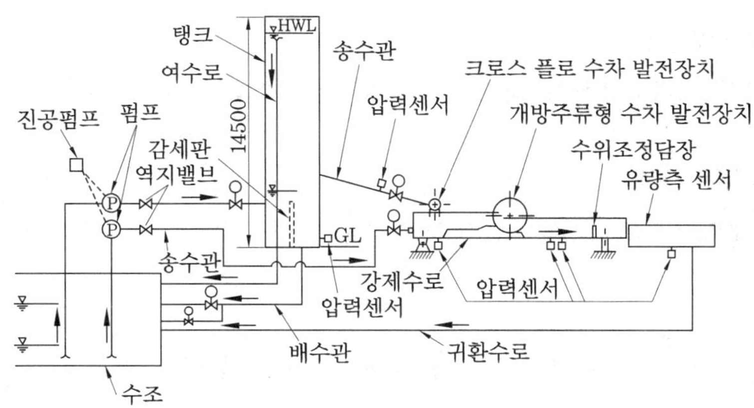

그림 4-18 **실험설비 개요도**

그림 4-18은 실험설비의 개요와 그 송수 플로를 나타낸 것이다.

주류 수차의 경우는 수조 → 송수장치 → 송수관 → 강제수로 → 주류 수차 → 유량측정조 귀환수로에 의해 순환경로를 구성했다.

크로스 플로 수차의 경우는 수조 → 송수장치 → 탱크 → 송수관 → 크로스 플로 수차 → 유량측정조 → 귀환수로에 의해 순환 경로를 구성했다.

각 설비에 대해 설명하면 다음과 같다.

㈎ 수조

콘크리트제 상면 개방형, 용량 180 m³, 가로 9.0 m×세로 9.0 m, 깊이 2.3 m

㈏ 송수장치

송수펌프	고압용	전압용
토출량	12 m³/min	24 m³/min
양정 (楊程)	19.0 m	5.0 m
모터용량	45 kW	374 kW
송수파이프	ϕ 0.6 m · ϕ 0.35 m	ϕ 0.4 m

㈐ 강제수로

편면 유리 · 경사식 수로, 폭 1.25 m×길이 15.5 m×높이 1.5 m

㈑ 유량측정조

3각보, 4각보, 전폭보 변경 가능, 폭 2.5 m×길이 6.5 m×높이 1.2 m

㈒ 타워

강제 자립형, 용량 45 m³, 안지름 ϕ 2.0 m×높이 14.5 m

㈓ 제어장치

제어실에서 밸브 개도(開度), 수로 및 타워의 수위와 유량 제어가 가능하다.

㈔ 계측장치

수위 · 유량, 토크, 회전수 등의 실험데이터를 자동계측하여 분석 및 결과의 아웃풋 및 그래프 출력까지 컴퓨터에 의해서 자동처리가 가능하다.

(2) 수차 발전장치의 시방

다음은 실험에 사용한 수차 발전장치의 시방이다.

⑺ 수차

형식	개방주류형 수차
유효낙차	0.88 m
유량	0.37 m³/s
회전속도	27.8 rpm
러너 지름	ϕ 1500 mm
러너 폭	1000 mm
블레이드 개수	24장
가이드 베인	없음
조속기	전자식 속도제어

⑼ 발전기

형식	3상 교류 동기 발전기
용량	1.3 kW
전압	220 V
주파수	60 Hz
극수	6 P
회전수	1200 rpm
여자장치	있음

⒀ 증속장치

형식	체인과 벨트방식
증속비	43.2

(3) 예비실험

먼저 수류가 수차 블레이드의 기울기에 대하여 주는 영향을 파악하기 위해 실험을 실시했다. 수차 블레이드의 기울기는 앞으로 기울기, 수직, 뒤로 기울기의 3종류에 의해 가장 높은 수차 출력을 나타내는 블레이드 형상을 그림 4-19에 보기로 들었다. 그 결과를 출력과 유량 관계로 종합한 것이 그림 4-20이다.

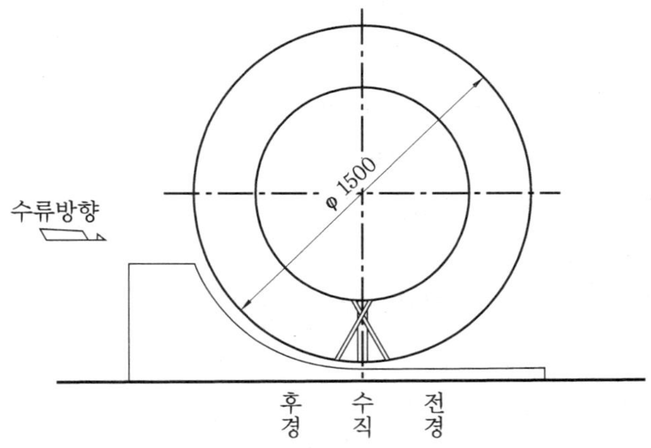

그림 4-19 **수차 블레이드의 형상**

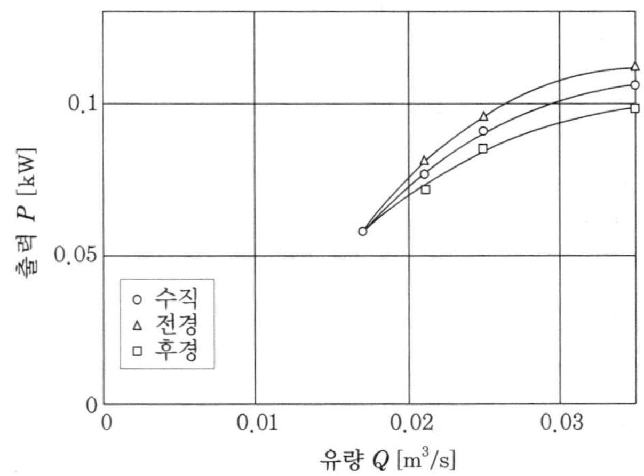

그림 4-20 **블레이드 형상과 출력**

이 결과에 의하면 수차 블레이드의 기울기는 앞으로 기운 전경이 가장 좋고 수직, 후경 순으로 떨어졌다. 따라서 이 실험에 대해서는 블레이드를 전경 상태로 하였다.

(4) 본 실험

본 실험에 사용한 수차 형상은 그림 4-21, 그림 4-22와 같다.

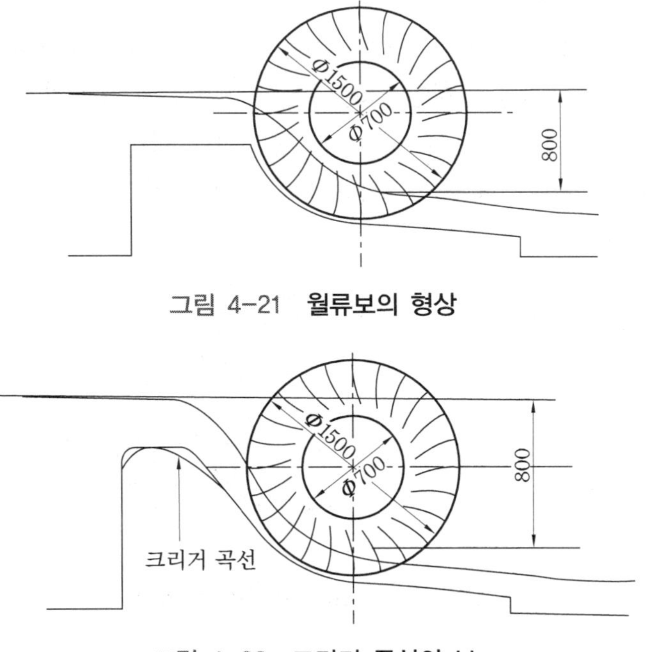

그림 4-21 **월류보의 형상**

그림 4-22 **크리거 곡선의 보**

실험은 수리(水理)조건, 보 형상, 블레이드 길이 등을 변화시키는 가운데 수차 회전수, 토크, 효율, 유량, 상하 유수위 등을 측정했다. 처음에는 그림 4-21에 보인 보의 형상으로 실험을 진행하였으나 수차의 회전수가 직상류쪽 수심에 영향을 받았기 때문에 그림 4-22에 보인 바와 같이 보 형상을 개조하여 실험을 진행한 결과 다음과 같은 사실이 확인되었다. 그림 4-21에 보인 바와 같이 수차 입구까지 보를 접근시킨 상태에서 흘린 경우는 물의 중력만으로 수차를 회전시킴과 동시에 보로부터의 월류수가 바로 수차 안으로 유입하기 때문에 수차의 회전이 직상류 수심에 영향을 미치는 결점이 있었다. 그래서 보의 형상을 그림 4-22에 보인 바와 같이 댐 월류 정상에 사용되는 힘이 물의 중력만이 아니라 물의 충동작용에 의한 충격도 함께 작용시켜 보다 큰 작용력을 얻었다.

또 수차 회전의 영향으로 인한 상류 수심의 변동도 제거되었고 수차 회전도 증가하여 기능이 향상되었다.

다음에 수차 하류 쪽에 수심이 있는 경우의 수차 발생토크, 회전수, 효율에 관한 실험을 실시한 결과 수차 블레이드의 중심위치보다 어떤 수치 이상이 되면 효율이 현저하게 떨어지는 점이 있으며 그 이하에서 사용하는 몫에 대해서는 사용에 문제가 없었다. 그림 4-23은 그 설명도이다.

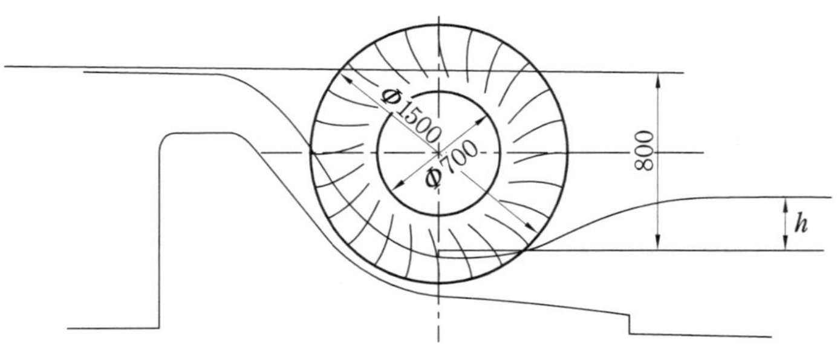

그림 4-23 **하류 쪽 수심의 영향**

$$h \leq 0.45\,h_1\,(\sqrt{1+8F^2}-1) - \frac{D}{7.5}\ \text{[m]}$$

$$\text{단},\ h_1 = 0.424\,\frac{Q}{\sqrt{H_e}\,B},\quad F = 1.156\,\sqrt{\frac{B\sqrt{H_e^{\,3}}}{Q}}$$

여기서, h_1 : 수차 출구 수심(m), F : 프루드수 (Froude number)

Q : 유량 (m^3/s), H_e : 유효낙차 (m)

B : 수차 폭 (m), D : 수차 지름 (m)

위의 여러 결과를 바탕으로, 세로축에 단위유량을, 가로축에 단위
속도를 기록하여 등효율 곡선으로 그린 것이 그림 4-24이다. 이 그
림을 바탕으로 개방주류형 수차의 최고 효율점에서의 단위속도는 30
을 취할 수 있다. 또 단위유량은 0.18을 취할 수 있다.

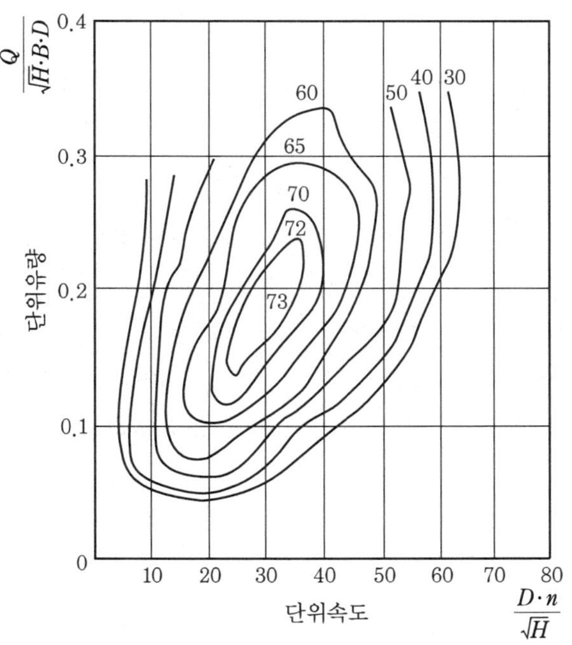

그림 4-24 **개방주류형 수차의 등효율곡선**

(5) 개방주류형 수차 실험성과

(a) 최고효율점에서의 단위 회전속도는 30이다.

(b) 수차 블레이드 길이와 수차 지름의 비율은 0.25~0.27이 가장
적합하다.

(c) 수차 하류쪽 수심은 다음 식 이하이면 수차효율에 영향 없이 사
용이 가능하지만 이 이상이 되면 수차 효율의 저하가 현저하게
나타난다 (수차 블레이드의 중심 위치로부터의 수심).

$$hd \leq 0.191 \frac{Q}{B\sqrt{H_e}}\left(\sqrt{1 + 10.69\frac{\sqrt{B\sqrt{H_e}^{\,2}}}{Q}} - 1\right) - \frac{D}{7.5}$$

여기서, H_e : 유효 낙차 [m], B : 수차 폭 [m],

D : 수차 지름 [m]

Q : 유량 [m³/s]이다.

하류수심 h 는 수차 블레이드로부터의 높이다. 즉 $h < hd$ 의 경우는 효율 저하는 발견되지 않는다.

(d) 수차와 보의 간격은 짧을수록 물의 유효 이용이 가능하지만 쓰레기 문제를 감안하여 15 mm 정도로 생각하는 것이 좋다.

(e) 유량은 수차 폭에 대하여 비례설계할 수 있다. 그러나 단위유량이 동일한 경우 수차 폭이 극단으로 작아지면 수차효율이 떨어진다. 예를 들면, 수차 지름이 $\phi\,1.5\,$m이고 수차 폭이 $0.5\,$m와 $1.0\,$m의 효율을 비교하면 수차 폭 $0.5\,$m쪽은 수차효율이 $10\,\%$ 정도 떨어진다.

(f) 수차 블레이드는 수류방향에 대하여 앞으로 기운 경우가 높은 효율을 얻을 수 있다.

(g) 수차 전면의 보를 높게 함으로써 수차의 회전수 및 출력을 증가시킬 수 있다.

(6) 수차 발전장치의 설치 예

그림 4-25는 개방주류형 수차 발전장치의 설치 예이다. 개수로에서 단락(段落) 부분을 이용하여 설치한 상태인데, 이 수로를 흘러 내려가는 유량은 보통 많을 때와 적을 때가 있어 연간을 통하여 안정된 전력을 공급하기 위해 유량이 작은 때를 상시 출력이 되도록 설계하고, 유량 변동에 대응할 수 있는 범위의 최대 유량을 취하여 최대 출력으로 한다. 그 이상에 대해서는 여수토(余水吐)에서 방류한다.

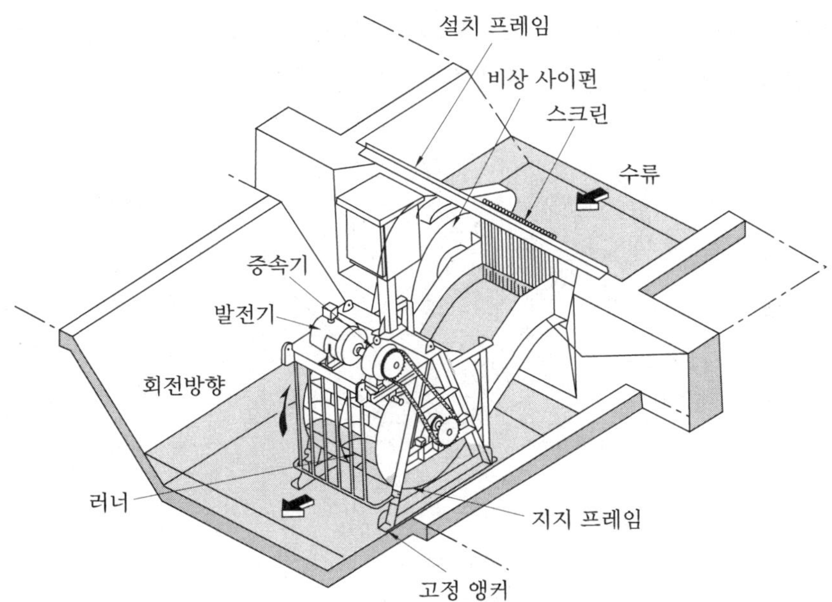

그림 4-25 **개방주류형 수차 발전장치의 설치 예**

이처럼 저낙차이면서 대유량의 곳에서 수력 발전이 가능하다.

(4 · 7의 개방주류형 수차의 실험 데이터는 다케오 게이조 저 "소형수력 발전기제작가이드북"에서 인용).

4·8 수차 출력

개방주류형 수차 발전장치의 수차출력에 관해서는 앞에서 기술한 실험과 같았다. 이제 실제로 그 실험결과를 바탕으로 설계할 때는 각종 조건에 좌우되게 된다. 즉 선정표가 필요하게 되므로 그림 4-26에 선정표를 예로 들었다.

선정표를 활용하면 유효낙차와 유입량에 의해서 출력을 알 수 있다. 단, 이때 유입량의 변화에 대해 유의해야 한다. 최대유량에서 최

소유량까지의 폭이 어느 정도가 되느냐인데, 그 차이가 너무 클 때는
발전하지 않거나 수차가 정지하는 시기가 생긴다.

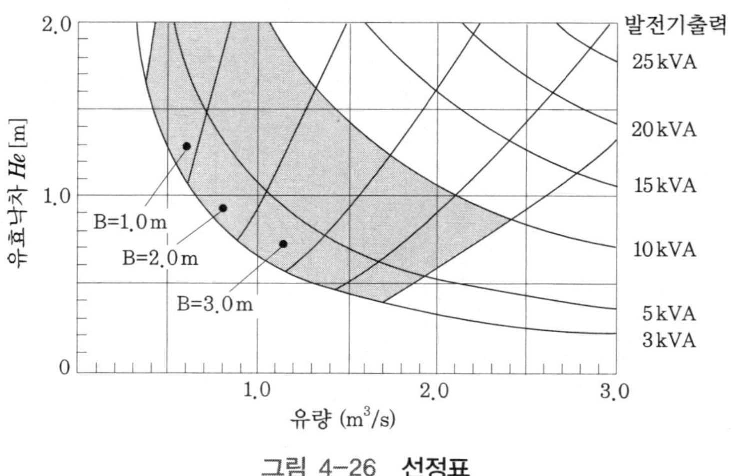

그림 4-26   **선정표**

4·9   설치의 예

실제 설치를 전제로 설계하여 보기로 하자.

(1) 설치조건

수로 폭	4.000 m
수로 높이	2.800 m
월류정	op+2.906 m (수차 측)
	op+3.206 m (여수토)
수위	max op+3.412 m
	max op+3.297 m
유량	max 1.261 m³/s
	min 0.856 m³/s

유효낙차 　　　max 1.672 m
　　　　　　　　nor 1.557 m
수차 중심 높이　op+2.290
수차 높이　　　　op+0.806

(2) 출력 계산

출력 최대

$$P_{max} = g \times Q_{max} \times H_{max} \times \eta$$
$$= 9.8 \times 1.261 \times 1.672 \times 0.407$$
$$= 8.4 \text{ kW}$$

출력 표준

$$P_{nor} = g \times Q_{nor} \times H_{nor} \times \eta$$
$$= 9.8 \times 0.856 \times 1.557 \times 0.361$$
$$= 4.7 \text{ kW}$$

(3) 각종 제원

㈎ 수차 장치
　　형식　　　　　개방주류형 수차
　　지름　　　　　ϕ 1.5 m
　　폭　　　　　　2.0 m
　　출력　　　　　max 13.43 kW
　　　　　　　　　nor　8.49 kW
　　정격회전수　　39.3 rpm
　　무구속 회전수　71.7 rpm

수차 구조	러너 스테인리스 강제
	축 스테인리스 강제

⑷ 발전장치

형식	3상 교류 동기 발전기
정격	연속
출력	12 kVA
주파수	60 Hz
극수	6 p
정격회전수	1200 rpm
전압	220 V
역률	80 %

(4) 증속 계산

수차 정격회전수	39.3 rpm
발전기 정격회전수	1200 rpm
증속기 필요 증속비	Nb

$$Nb = \frac{N_{out}}{N_{in}} = \frac{N_{wn}}{N_{pn}} = \frac{1200}{39.3} \simeq 30\,\mathrm{rpm}$$

또 최고 회전수, 즉 무구속 회전에서 증속기 및 발전기의 성능을 확인할 필요가 있으므로 다음 계산을 한다.

수차 무구속 회전수   71.7 rpm

$$71.7 \times 30 = 2151\,\mathrm{rpm}$$

그리고 체인에 관해서도 그 주속에 대한 고려가 필요하다.

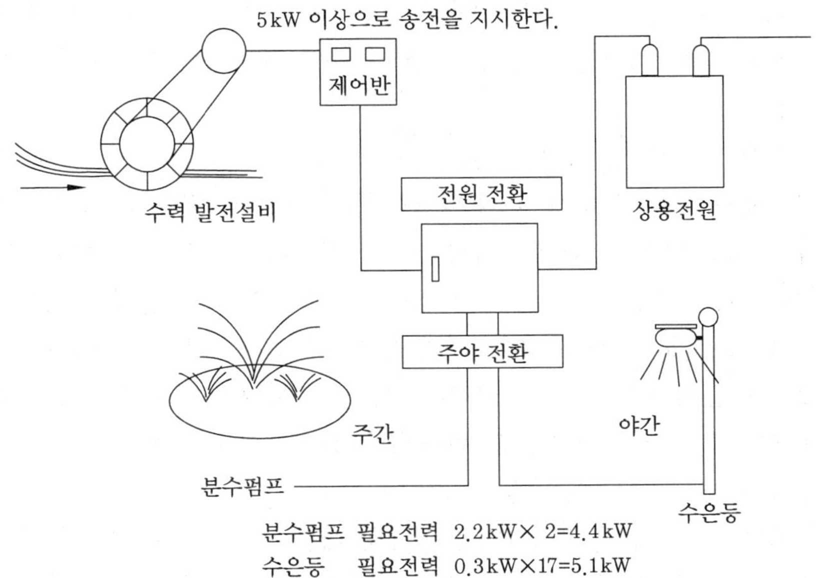

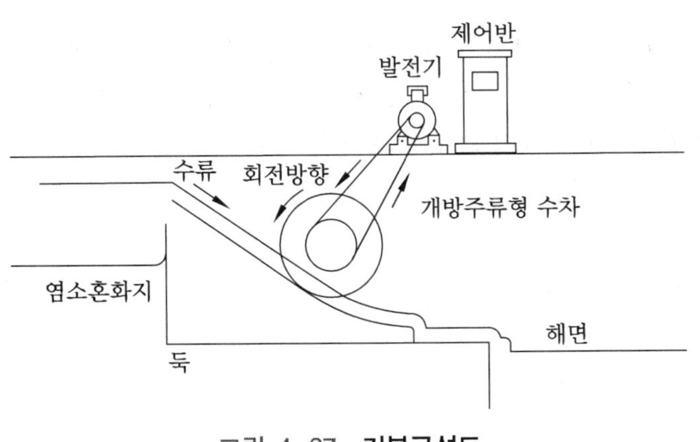

그림 4-27 **기본구성도**

그림 4-27의 기본 구성도에 보인 바와 같이 주간에는 분수의 펌프 용으로 사용하고 야간에는 수은등 점등용으로 이용한다. 전기 이용방 법은 우선 수차 발전이 5 kW 이상이 되면 송전을 개시하여 주간에는 분수용의 펌프를 1대씩 순차 기동한다. 또 야간에는 수은등을 2계통

으로 나누어 발전량에 따라 1계통 또는 2계통 점등한다. 따라서 수차 발전이 5 kW 미만인 때는 전기 전환장치로 전환하여 상용전원을 이용한다.

실제 발전상황은 24시간 동안 유량이 상당히 변화하고 또 수차 하류측에서 바다 조위(潮位)의 영향을 받기 때문에 실제 송전시간은 6에서 70 % 정도가 되었다. 그러나 이용하지 않고 버려졌던 물의 에너지를 이용한다는 데 큰 의미가 있다. 또 발전한 전기의 질에 관해서는 다소 문제가 있었다. 현재라면 대용량 트랜지스터를 이용할 수 있으므로 문제가 없겠지만 사이리스터를 이용하였기 때문에 파형 일부에 다소의 난조가 엿보였고, 펌프 등의 모터에서는 문제가 없지만 수은등에서는 다소의 깜박임이 있었다.

개방주류형 수차 발전장치를 설계할 때는 기본적으로 에너지 절약 효과가 요구되지만 그렇다고 해서 장치에 무리를 가하지 않는 것이 중요하다. 특히 전기계통과 기계계통의 조화에 관해서는 충분한 검토가 필요하다. 전기계통에서 너무 세세한 제어를 가하게 되면 기계계통에 영향을 미치는 경우도 있다. 그 때문에 본 장치의 경우에도 전달장치의 수명이 생각했던 것보다 짧았다.

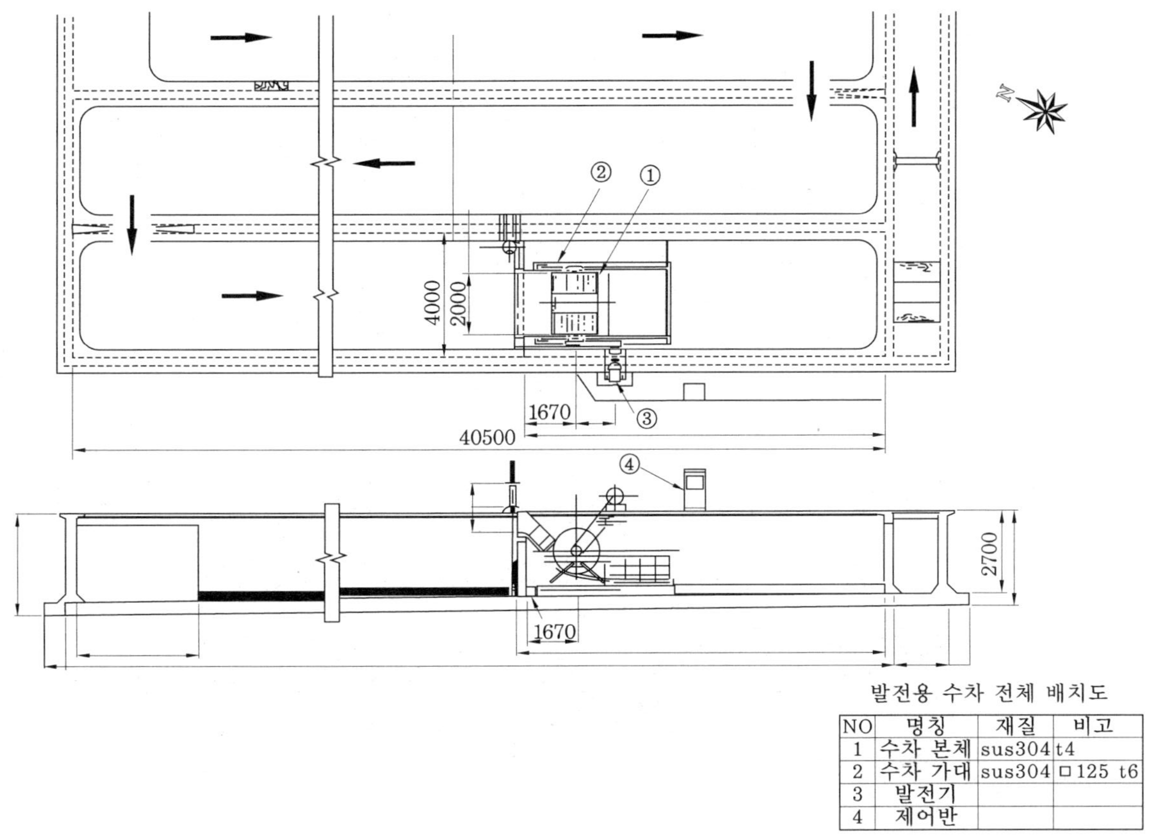

발전용 수차 전체 배치도

NO	명칭	재질	비고
1	수차 본체	sus304	t4
2	수차 가대	sus304	□125 t6
3	발전기		
4	제어반		

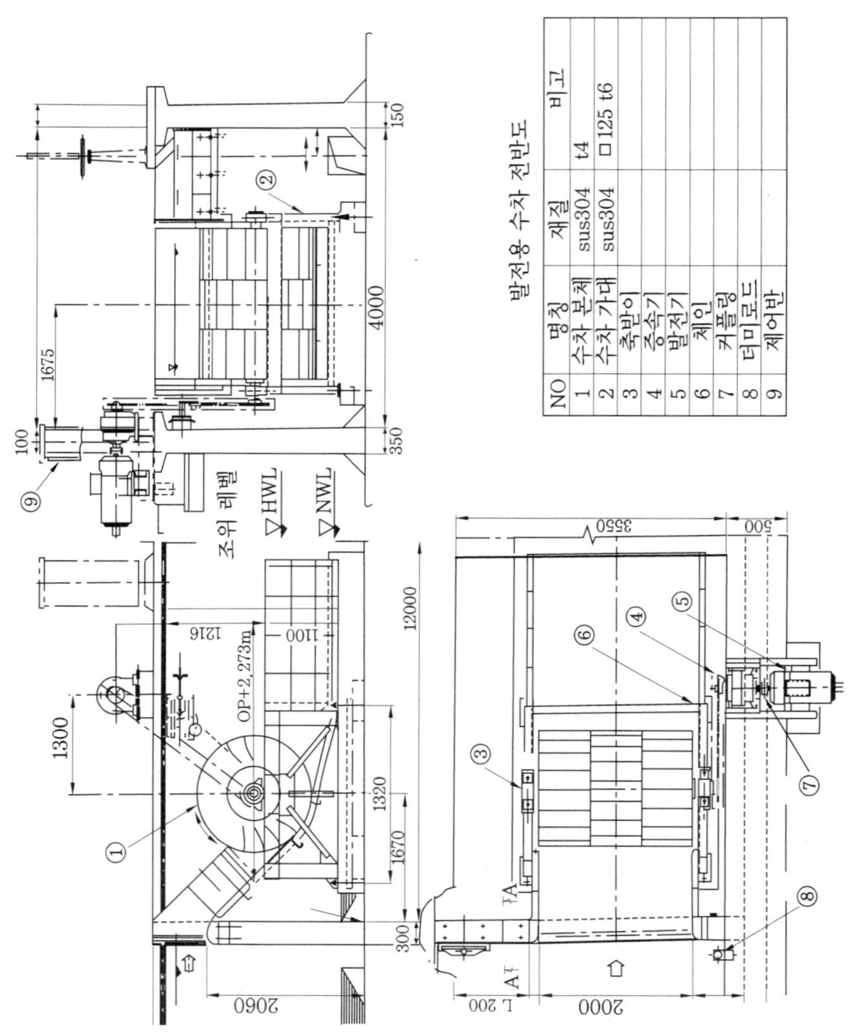

NO	명칭	재질	비고
1	수차 본체	sus304	t4
2	수차 가대	sus304	□125 t6
3	축받이		
4	증속기		
5	발전기		
6	체인		
7	커플링		
8	터미로드		
9	제어반		

그림 4-29 **수차부**

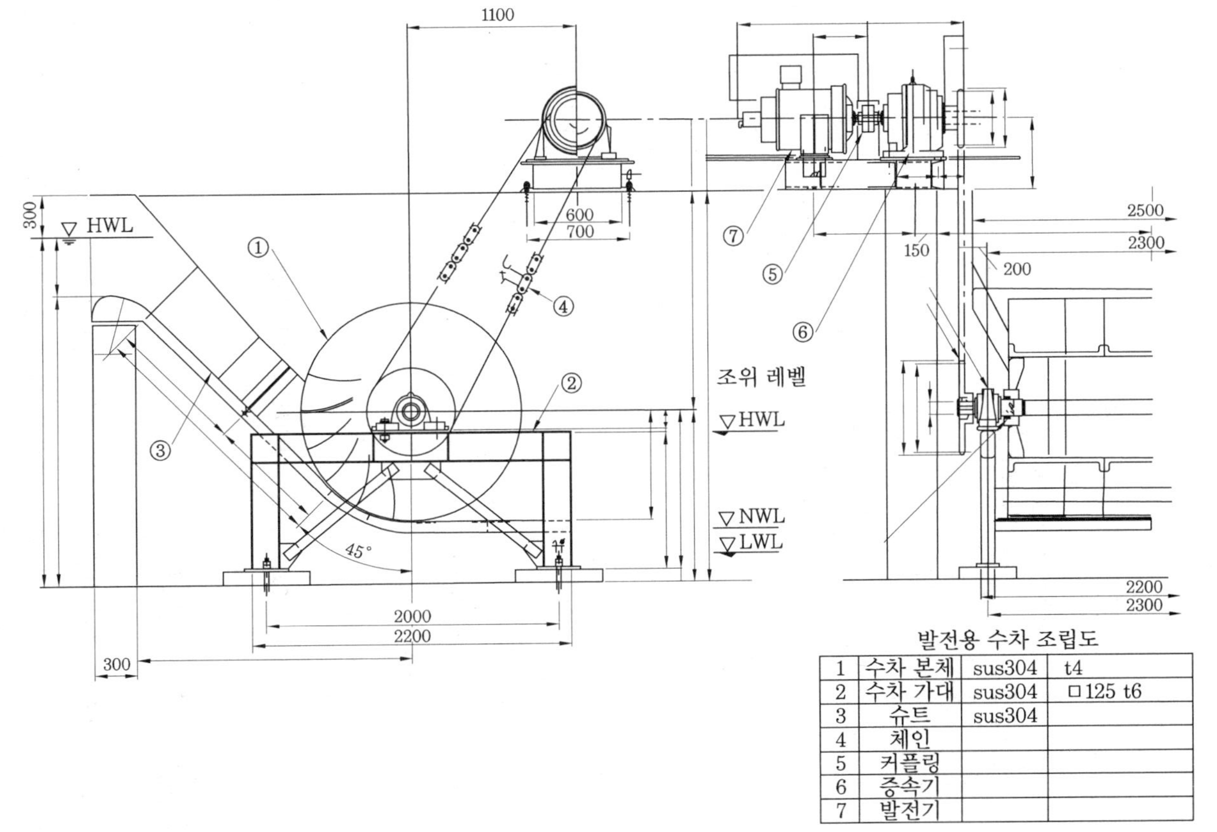

발전용 수차 조립도

1	수차 본체	sus304	t4
2	수차 가대	sus304	□125 t6
3	슈트	sus304	
4	체인		
5	커플링		
6	증속기		
7	발전기		

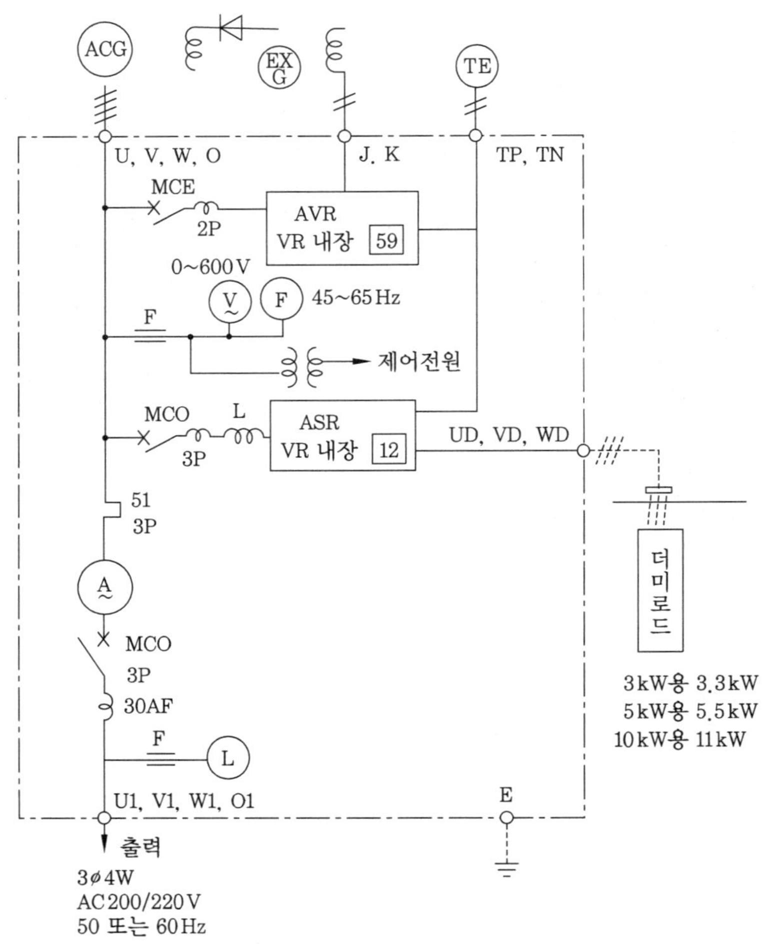

그림 4-31 **전기회로 기본구성도**

4·10 직류 발전

직류 발전의 특징으로는 우선 유량 변화에 쉽게 대응할 수 있다는
점을 들 수 있다. 다만 직류 발전을 하는 경우의 주의할 점으로는 큰
발전을 할 수 없다는 것이다. 직류이기 때문에 각종 전선의 지름이
매우 커지기 때문이다.

직류 발전을 하려면 직류 발전기가 매분 수천 회전으로 발전하고 수차 회전수가 1분간에 수십 회전하므로 증속할 필요가 있다. 수차→ 증속장치→ 발전기→ 충방전제어기→ 배터리→ 이용기기의 이용형태가 된다. 발전기에 따라서는 초기 여자가 필요한 것도 있으므로 주의가 필요하다.

4·11 직류 발전 수차 설치 계획

(1) 설치조건

설치 시 유량조건

5월 8일에서 5월 22일	$Q_{\max} = 4.226 \text{ m}^3/\text{s}$
5월 23일에서 9월 5일	$Q_{\text{nor}} = 3.859 \text{ m}^3/\text{s}$
9월 6일에서 5월 7일	$Q_{\min} = 0.842 \text{ m}^3/\text{s}$

또 낙차 (유효낙차)는 0.7 m이다.

(2) 출력 계산

최소유량 시 $Q_{\min}$의 경우의 발전량 $P_{\min}$은

$$P_{\min} = 0.6 \times 0.6 \times 0.65 \times 9.8 \times 0.842 \times 0.7$$
$$= 0.234 \times 9.8 \times 0.842 \times 0.7$$
$$= 1.35 \text{ kW}$$

단, 이것은 이론적으로 전량 사용한 경우의 계산이다. 또 각 효율은 데이터에 바탕하고, 계산을 위해 극히 간략화했다.

실제로는 사용하는 수차에 따라 제한되기 때문에 먼저 수차의 회전수부터 검토한다. 수차의 회전수 n은 수차 지름이 D인 경우

$$n = k_1 \times \frac{H_e^{\frac{1}{2}}}{D}$$

$$= 44 \times \frac{0.7^{\frac{1}{2}}}{D} = 18.4 \text{ rpm}$$

여기서, k_1 : 실험에 의한 계수 (44), H_e : 유효낙차 m

D : 수차 지름 m

임펠러의 날개수가 24인 경우 하나의 버킷 용량을 0.03 m^3로 하여 1초간에 $\frac{3}{10}$ 회전으로 버킷 7개분이 되고, 유량 Q_{rel}은

$$Q_{rel} = 0.6 \times 0.6 \times 0.65 \times 9.8 \times 0.21 \times 0.7 = 0.337 \text{ kW}$$

발전한 전기의 사용 용도에 관해서는 12 V계의 전등을 밝히는 것도 가능하고 기타 12 V계·24 V계 기기도 이용할 수 있다. 실제로 이용하고 있는 것은 살충등과 스포트라이트이다. 단, 발전량이 일정하고 사용전기량도 일정하여 밸런스가 유지된다면 상관 없지만 그렇지 않다면 반드시 배터리에 과방전 방지장치를 사용할 것을 권한다.

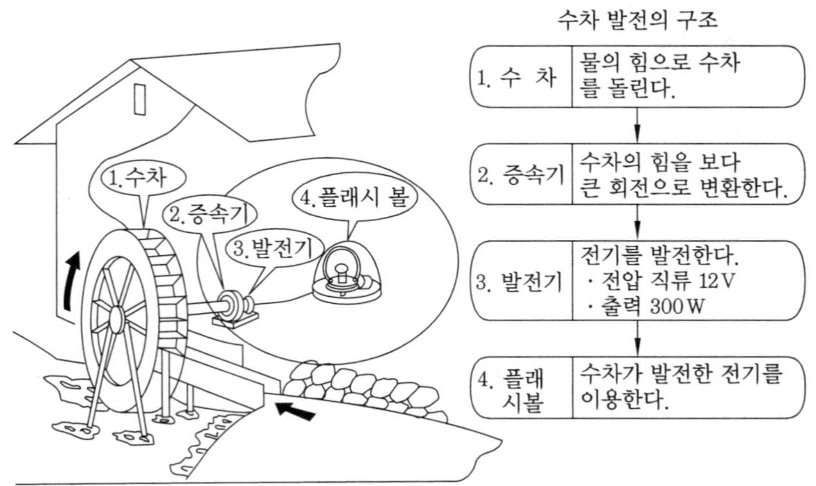

그림 4-32 **발전의 구조**

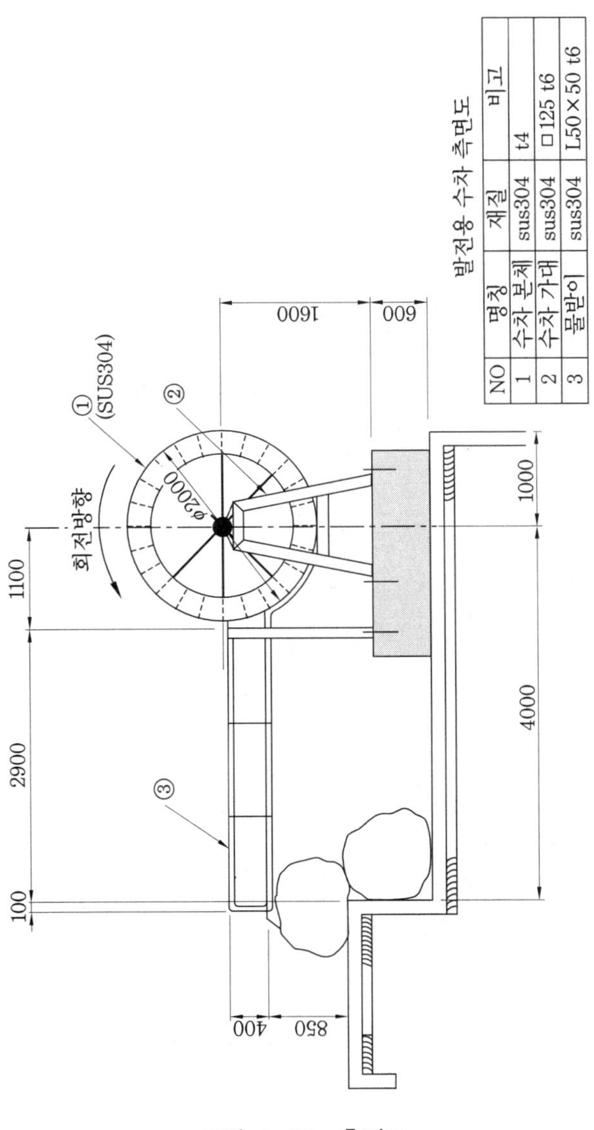

NO	명칭	재질	비고
1	수차 본체	sus304	t4
2	수차 가대	sus304	□125 t6
3	물받이	sus304	L50×50 t6

그림 4-33 **측면도**

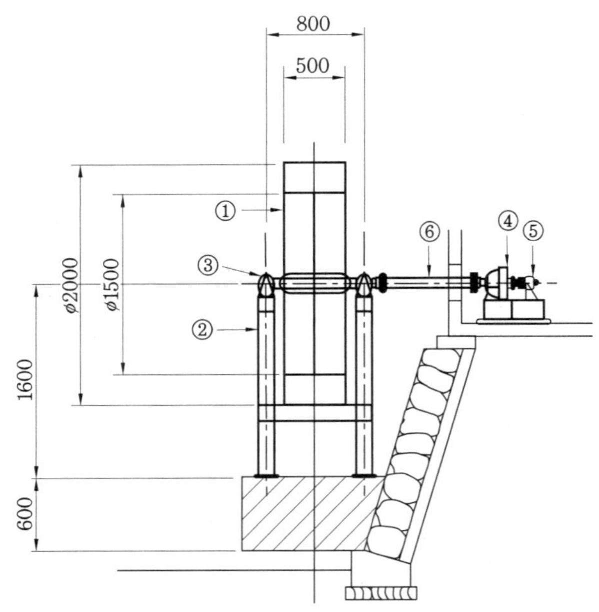

발전용 수차 세로 단면도

NO	명칭	재질	비고
1	수차 본체	sus304	t4
2	수차 가대	sus304	□125 t6
3	축받이		
4	증속기		
5	발전기		
6	커플링		

그림 4-34 **세로 단면도**

2000
1500
250
150
4
500
4
①
수차 날개
(t=4, 전주 24장)
수차 본체 제작도
NO | 명칭 | 재질 | 비고
1 | 수차 본체 | sus304 | t4

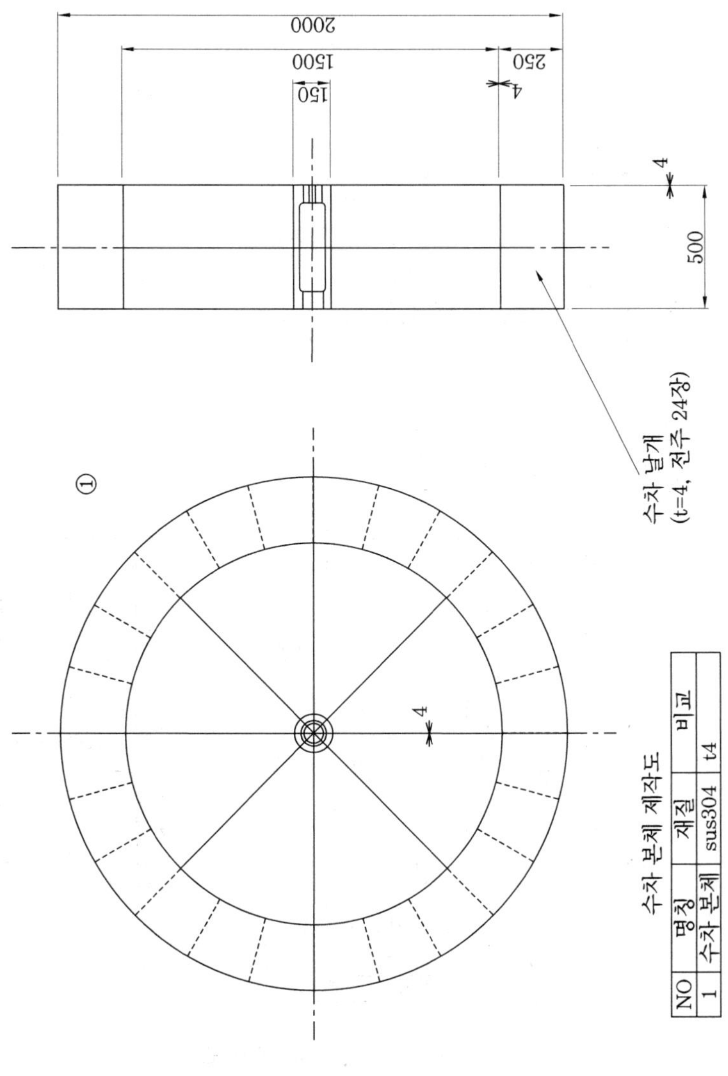

그림 4-35 **수차 제작도**

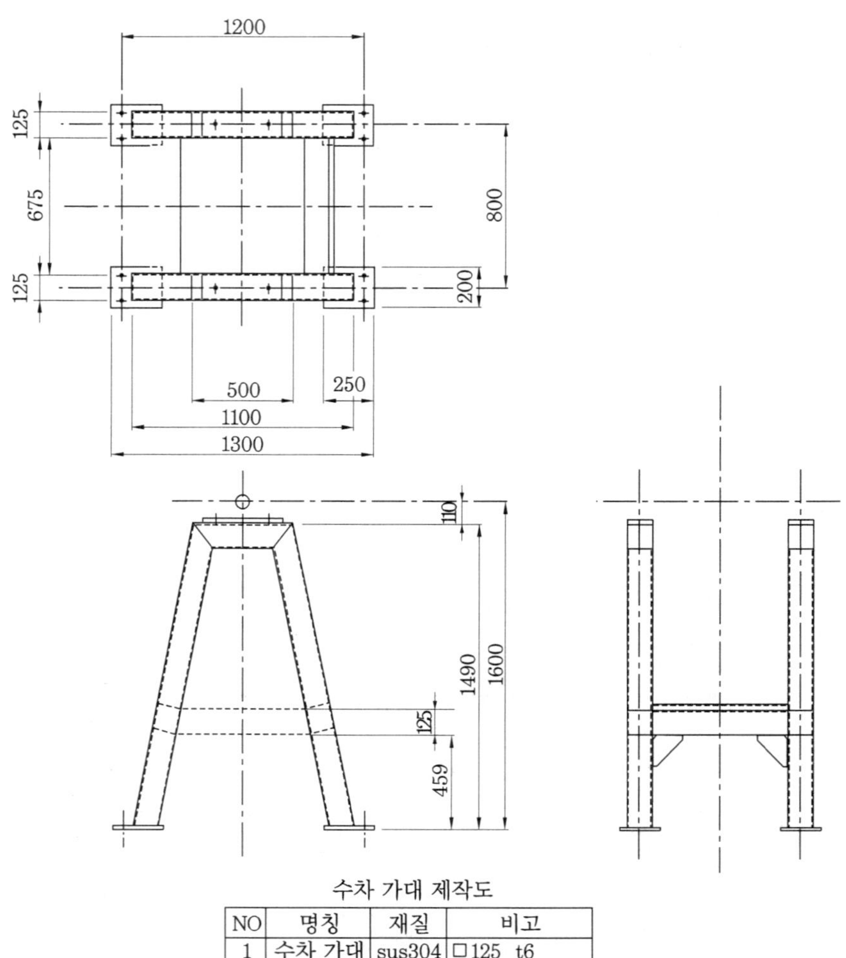

수차 가대 제작도

NO	명칭	재질	비고
1	수차 가대	sus304	□125 t6

그림 4-36 **수차 가대 제작도**

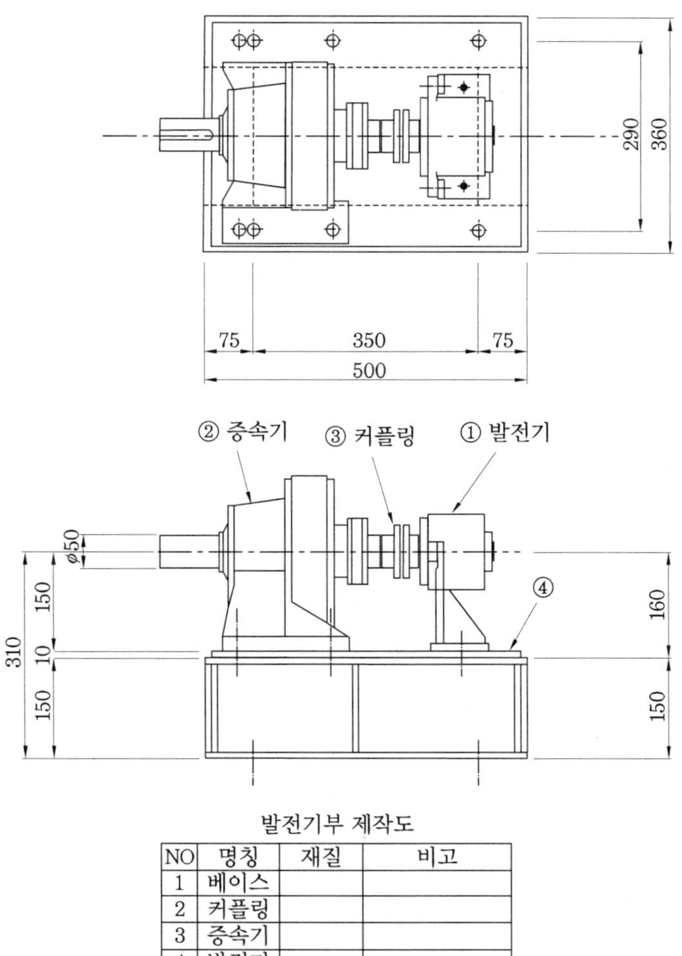

발전기부 제작도

NO	명칭	재질	비고
1	베이스		
2	커플링		
3	증속기		
4	발전기		

그림 4-37 **발전기부 제작도**

제 5 장
발 전 기

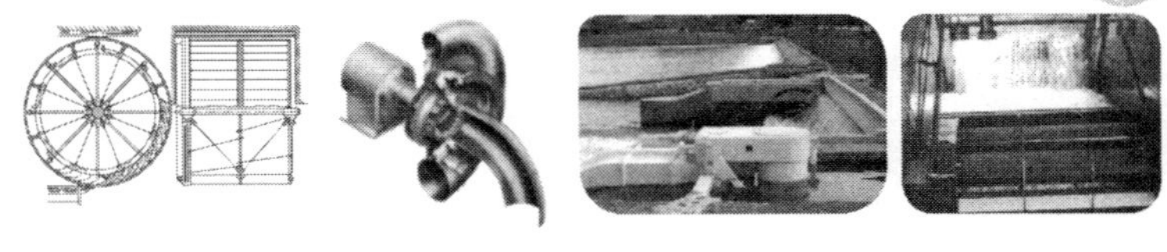

　이 장에서는 수차로부터 전달된 에너지로 전기를 발생시키는 발전기의 원리와 발전기의 종류, 발전출력 등에 관해 해설하기로 하겠다. 또 용수로 등의 유수는 낙차가 낮고 유량도 적기 때문에 수차의 회전수가 10~50 rpm 정도밖에 획득할 수 없는 낮은 회전수로도 필요로 하는 발전출력을 얻어낼 수 있는 새로운 형식의 발전기에 관해서도 다루기로 하겠다.

5·1　발전기의 원리

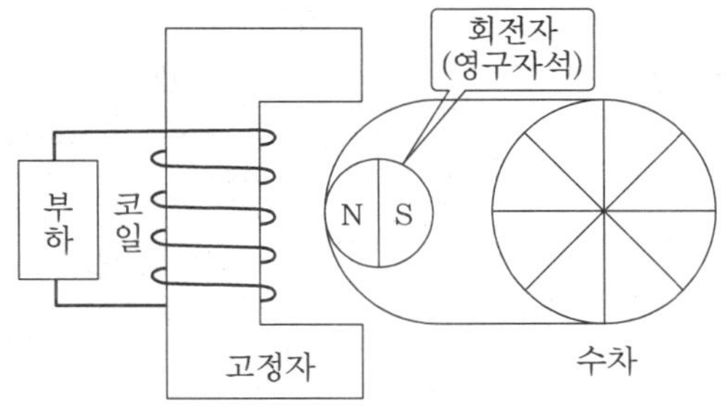

그림 5-1　**기전력의 발생**

　그림 5-1은 수차의 회전에너지가 발전기의 회전자에 동력이 전달하면 회전자의 영구자석이 고정자 전선 간에 발생하는 자속을 끊음으로써 전자유도작용이 발생하여 기전력이 발생하기까지의 원리를 나타낸 그림이다.

　그림 5-2는 발전기의 실제 내부구조를 보인 것으로, 자계 (자속)를 발생시키는 고정자와 그 자속을 가로지르는 회전자로 구성되어 있다. 이 관계를 보다 더 자세하게 설명한 것이 그림 5-3에 보인 전류와 자속의 관계이다.

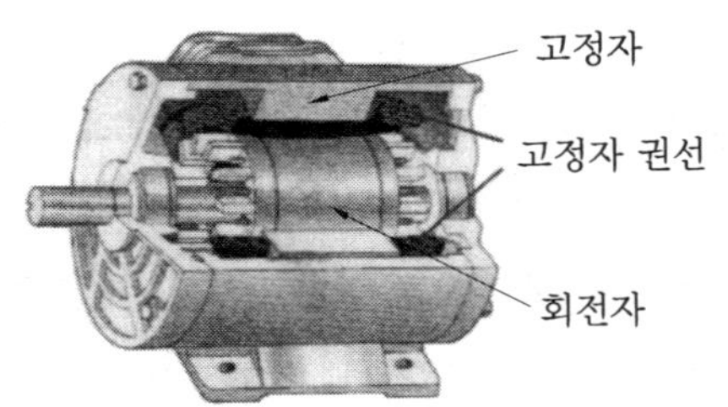

그림 5-2 발전기의 구성도

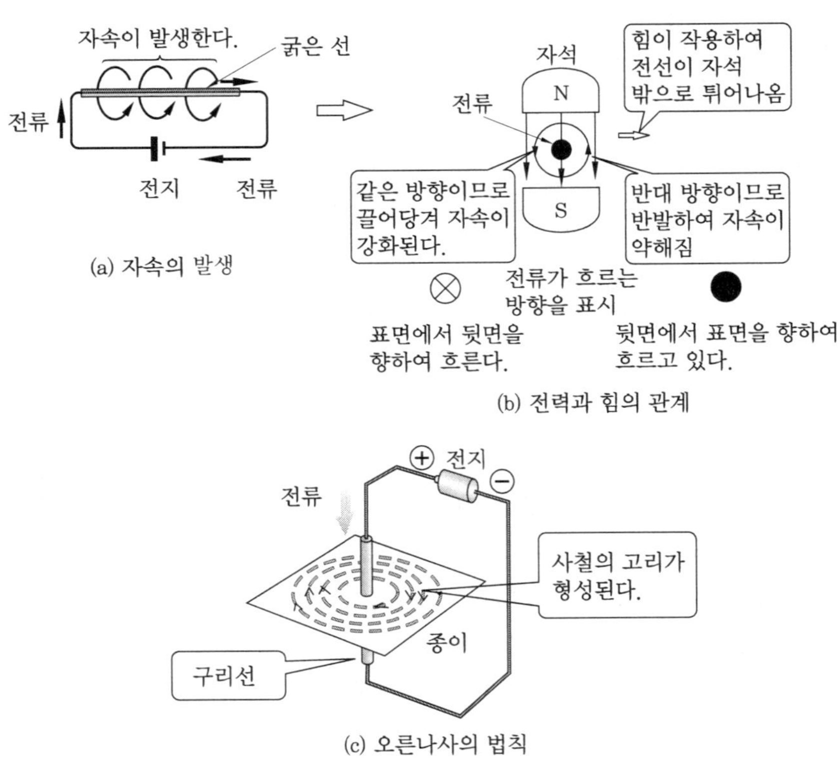

그림 5-3　전류와 자속의 관계

　지금 그림 5-3 (a)에 보인 바와 같이 굵은 선에 전지를 연결하면 화살표 방향으로 전류가 흐르고, 굵은선 주위에는 원형의 화살표 방향으로 자속이 발생한다. 이 현상을 오른나사의 법칙이라 하는데, 그림

(c)에 보인 바와 같이 사철(砂鐵)을 뿌린 백지에 굵은 선을 따라 위에서 아래로 전류가 흐를 때 사철의 둥근 고리가 오른쪽으로 감기듯이 형성되는 데서 비롯된 법칙명이다.

다음에 그림 (b)에 보인 바와 같이 이 굵은 선을 NS자석 속에 놓고 굵은 선에 뒤쪽에서 표면으로 향하는 방향으로 전류를 흘리면 자석 왼쪽에서는 자속이 같은 방향이므로 서로 끌어당겨 강하게 되고, 오른쪽에서는 반대 방향이므로 반발하여 약화되므로 자속이 강한 왼쪽에서 약한 오른쪽으로 굵은 선을 밀어내는 힘이 발생한다.

여기서 그림 5-4 (a)에 보인 바와 같이 굵은 선을 각형선(角形線)으로 하여 NS자석 사이에 놓고 각형선을 화살표 방향(돌리는 방향)으로 회전시키면 N에서 S방향을 향하고 있는 자속을 각형선이 끊음으로써 각형선에는 전자유도작용에 의해 자속이 발생한다. 그 자속에 의해서 각형선에는 전류가 흘러, 전선의 시작과 끝에서는 그것이 기전력이 되어 발생하게 된다.

기전력은 전류를 흘리려고 하는 작용을 하므로 그림 5-4 (b)와 같이 각형선의 시종단(始終端)에 전기를 끌어내기 위한 브러시와 정류자를 결합하여 양단을 선으로 연결하면 램프가 점등한다. 정류자는 전기의 흐름을 한 방향으로 이끄는 작용을, 브러시는 전류를 끌어당기는 작용을 하고 있다.

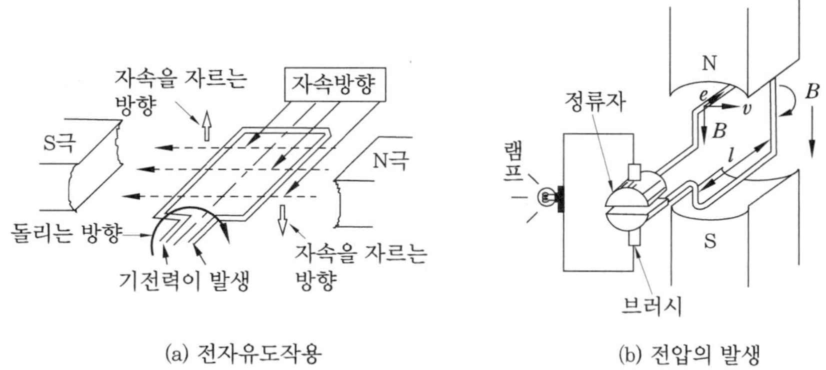

(a) 전자유도작용   (b) 전압의 발생

그림 5-4 **전압의 발생 원리**

발생하는 기전력은 각형선과 쇄교하는 자속 ϕ가 시간적으로 변화하는 비율로 같아지므로 이것을 식으로 표시하면

$$e = \frac{d\phi}{dt} \quad \cdots\cdots\cdots (5.1)$$

이 된다. 즉 자속 안에서 각형선을 회전시킴으로써 기전력을 얻을 수 있다 (즉 발전한다).

그림 5-4 (b)에서, 각형선의 유효길이를 l [m], 자속밀도를 B, 도체가 이동하는 속도가 v일 때 각형선 한 가닥에 유기되는 기전력의 순시값 e는 식 (5.2)가 된다.

$$e = Blv \quad \cdots\cdots\cdots (5.2)$$

그림 5-5에서 고른 자속밀도 B 속에 있는 코일이 그림에서 보인 바와 같이 회전할 때 플레밍의 오른손 법칙에 따른 방향, 코일에 기전력이 유기된다. 코일의 면적을 S, 코일면의 수직선과 자속이 이루는 각을 θ로 하면 코일을 관통하는 자속 ϕ는

$$\phi = BS\cos\theta \quad \cdots\cdots\cdots (5.3)$$

로 되어, 패러데이의 전자유도 법칙에 따라 코일이 균일한 각속도 ω로 회전할 때는 $\theta = \omega t$이므로 끌어낼 수 있는 전압은 식 (5.4)로 주어진다.

$$E = Blv\sin\theta \ [\text{V}] \quad \cdots\cdots\cdots (5.4)$$

여기서, B : 자속밀도 $[\text{Wb/m}^2]$
$\quad\quad\quad l$: 각형 전선의 길이 $[\text{m}]$
$\quad\quad\quad v$: 속도 $[\text{m/s}]$
$\quad\quad\quad \theta$: 굵은 선과 자속의 각도 $[°]$

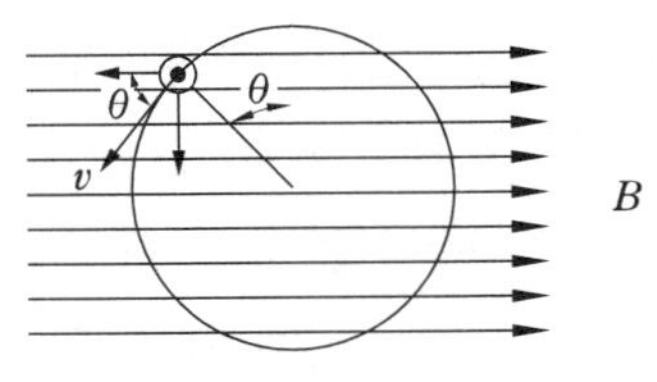

그림 5-5 발생하는 기전력

5·2 소수력 발전에 적용되는 발전기

발전기는 직류출력을 얻어내는 직류 발전기와 교류출력을 얻어내는 교류 발전기가 있다. 직류 발전기는 자동차의 충전용 발전기인 다이너모와 얼터네이터 발전기 등이 있고, 교류 발전기에는 동기 발전기, 유도 발전기 등이 있으며 대형 수력과 화력 발전, 풍력 발전, 선박용 발전기 등에 사용되고 있다. 이들 발전기는 매분 1000~3000회의 속도로 자속을 차단함으로써 기전력을 발생시키는 구조로 되어 있으므로 표 5-1에 보인 바와 같이 소수력 발전에 적용하는 경우는 그 조합에 의해서 극수를 늘리거나 증속기 등을 장비해야 한다.

표 5-1 **발전시스템의 결합**

낙차 [m]	유량 [m³/s]	수차의 축토크와 회전수 [rpm]	증속비	발전기의 종류와 극수 p
0.1~0.5	0.01~0.03	축토크 대 5~8	300~500	직류기, 동기기 20~24
0.5~1	0.03~0.05	축토크 중 100~200	100~200	직류기, 동기기 8~12
1~5	0.05~0.08	축토크 중 500~1000	3~5	동기기, 유도기 4~8
5~10	0.08~1	축토크 소 1000 이상	0에 가깝다	동기기, 유도기 2~4

발전시스템도 낙차와 유량에 따라 수차로부터 얻을 수 있는 회전수와 축토크가 다르기 때문에 적용할 수 있는 발전기도 직류에서 교류 발전기까지 다양한 조합을 고려할 수 있다(표 5-1). 예를 들면 낙차가 낮고 유량이 $0.01\sim0.03\,\mathrm{m^3/s}$ 정도밖에 얻지 못하는 농업용 수로 등의 경우는 얻을 수 있는 수차의 회전수도 낮기 때문에 증속장치가 필요하며, 증속비를 $200\sim350$배로 하여야 한다. 그러므로 수차 출력의 약 $80\,\%$ 이상이 증속기로 소비되므로 발전기에 전달되는 동력은 약 $20\,\%$ 정도에 불과하다.

동기 발전기나 유도 발전기에서는 표 5-2와 같이 극수 p를 변화시킴으로써 저속역에도 대응할 수 있는 구조로 되어 있다. 그러나 이 경우 발전기의 구조가 대형화되기 때문에 소수력 발전에 적용하는 경우는 설치장소와 낙차, 유량, 경제성 등의 검토가 필요하다.

표 5-2 **동기기 및 유도 발전기의 극수와 회전속도**

극수	2	4	8	12	24	30
주파수 60 Hz 때의 회전수 [rpm]	3600	1800	900	600	300	240

(1) 직류 발전기

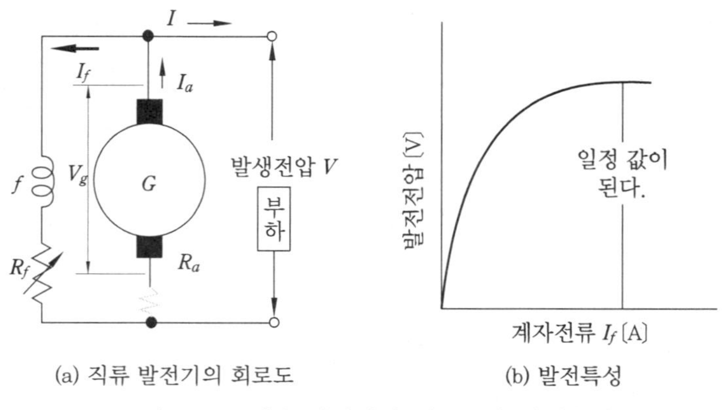

(a) 직류 발전기의 회로도   (b) 발전특성

그림 5-6 **직류 발전기의 회로도와 발전특성**

직류 발전기는 그림 5-6과 같이 회전하기 시작할 때는 철심에 남아있는 잔류자기로 발전하고, 전압이 상승함에 따라 그 전압으로 계자전류 (I_f)를 제어하여 발전전압을 높여나가는 발전기이다. 발전전압은 계자전류의 증가와 더불어 상승하지만 어느 정도 증가하면 철심이 포화(飽和)하여 그림 5-6 (b)에 보인 바와 같이 일정값으로 안정된다.

전기자전압 V_g는 식 (5.5)로 주어지듯이 발생하는 회전자의 회전수에 비례한다.

$$V_g = k\phi n \hspace{2cm} (5.5)$$

여기서, k : 상수, ϕ : 자속 [Wb], n : 회전수 [rpm]

또 회로도에서, 전기자전류 I_a는 부하전류 I와 계자전류 I_f의 합이 되므로 발전전압 V는 식 (5.6)으로 주어진다.

$$V = V_s - (I + I_f)R_0 = V_g - I_a R_a \hspace{1.5cm} (5.6)$$

여기서, V_g : 전기자전압 [V], R_a : 전기자저항 [Ω]

(2) 동기 발전기

동기 발전기는 그림 5-7의 (a)에 보인 바와 같이 고정자 권선의 자속 안에서 자극을 가진 회전자를 회전시켜 자속을 끊음으로써 전자기 유도작용을 발생시켜 기전력을 발생시킨다. 고정자 쪽에서 보면 N, S가 교차로 접근하여 오므로 기전력 방향이 교차로 변하는 교류출력이 되므로 회전자의 회전속도 N_s는 식 (5.7)로 주어진다.

$$N_s = \frac{120f}{p} \text{ [rpm]} \hspace{1.5cm} (5.7)$$

여기서, p : 자극수, f : 주파수 [Hz]

동기 발전기는 기동 때에 계자전류가 필요하므로 보통은 다른 전원 (직류전원 등)으로 계자를 여자하지 않으면 발전하지 못한다.

　그림 5-7 (b)는 발전특성, (c)는 동기 발전기의 3상 접속도이다. 발전전압은 계자전류의 증가와 함께 상승하지만 직류기와 마찬가지로 철심의 포화현상에 의해서 거의 일정값이 된다.

　최근에는 영구자석을 회전자로 사용하는 사례도 많다. 영구자석으로는 사마륨계*나 네오디뮴계** 같은 높은 자기장의 희토류 자석과 바륨 페라이트계 등이 사용되고 있다.

　동기 발전기의 발생전압 V는 그림 5-7 (c)에서 다음 식으로 주어진다.

$$V = 4.44\,K\phi\omega f \quad\cdots\cdots\cdots\cdots\cdots\cdots\cdots (5.8)$$

　여기서, K : 상수, ϕ : 자속 [Wb], ω : 코일의 권수, f : 주파수 [Hz]

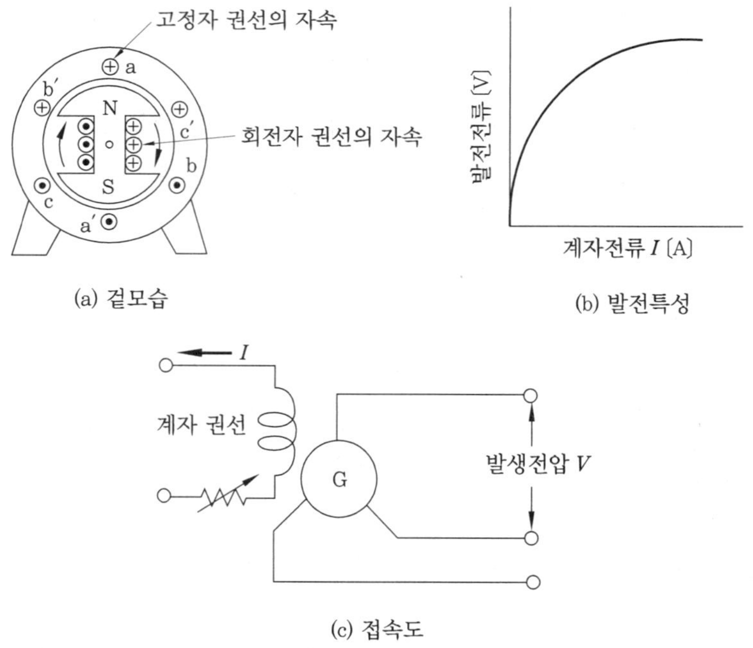

(a) 겉모습

(b) 발전특성

(c) 접속도

그림 5-7　동기 발전기의 접속도와 특성

---

　* 사마륨계 자석(Sm) : 보자력이 비교적 강하고, 표면이 부식에 강하며, 온도 변화에 대해서도 안정적이나 잘 부스러진다.
　** 네오디뮴계 자석(Nd) : 잔류 자속밀도가 크고, 큰 에너지를 꺼낼 수 있지만 열 변화는 사마륨계 자석만큼 강하지 않다.

(3) 유도 발전기

유도 발전기는 유도 전동기가 보통속도로 회전하고 있을 때 그 회전속도(동기속도 N_s)를 넘는 속도로 회전자를 회전시키면 전원전압 V에서 공급되던 전기자전류 I_a가 역방향의 $-I_a$로 되어 전원을 향하여 흘러든다.

따라서 발생전압 Vg에 의해서 전기자전류 I_a가 공급되므로 발생전압 V_g는 식 (5.9)로 주어진다.

$$V_g = 4.44 K\phi n \quad\cdots\cdots\cdots\cdots\cdots\cdots\cdots\cdots\cdots\cdots\cdots\cdots (5.9)$$

여기서, K : 상수, ϕ : 자속수, n : 회전수 [rpm]

유도 전동기는 구조가 간단하고 코스트가 낮지만 스스로 전압을 발생시키지 못하므로 다른 전원으로부터 여자전류를 흘려주지 않으면 전자유도작용을 일으키지 못한다.

최근의 소형 발전기에서는 영구자석을 회전자로 사용하는 방법이 채용되고 있다.

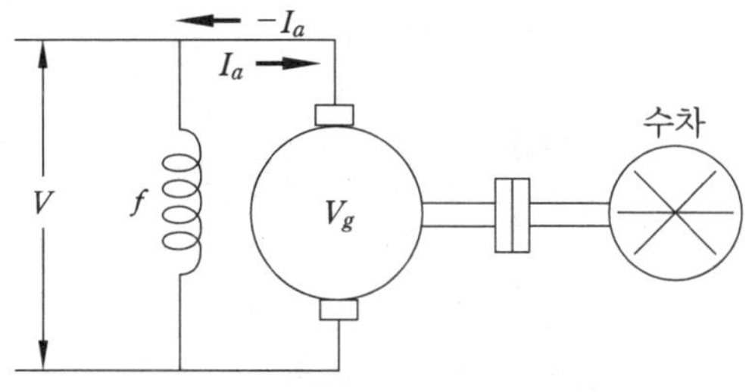

그림 5-8 **유도 전동기의 원리도**

(4) 새로운 형의 발전기

소수력 발전을 설치하는 경우 2~5 m 정도의 낙차와 매초 100 L 전후의 유량을 얻을 수 있는 용수로에서는 이제까지 기술한 발전기를 이용할 수 있다. 그러나 전국적으로 볼때 이처럼 알맞은 조건을 갖춘 장소는 극히 드물고, 대부분의 용수로에서는 낙차가 작고 유량 역시 적은 것이 현실이다.

따라서 여기서는 낙차가 낮고 적은 유량에서도 어느 정도의 회전수만 얻을 수 있다면 수백 W에서 수 kW의 발전출력을 얻을 수 있는 새로운 형의 발전기 (개발 중인 것도 포함하여)에 관하여 몇 가지 예를 소개하겠다.

① 자속제어방식

이제까지의 영구자석 발전기에서는 영구자석의 자속이 결정되었기 때문에 발생전압을 제어할 수 없었다. 그러나 일본의 후지테크사가 개발한 영구자석 발전기는 그림 5-9 (a) 개념도에 보인 바와 같이 전자기회로에 마련한 공극값 [空隙幅]을 자동적으로 크게 혹은 작게 변화시키는 방법을 채용하여 저속 회전역에서도 안정된 발전전압을 얻을 수 있는 구조로 개량된 발전기이다.

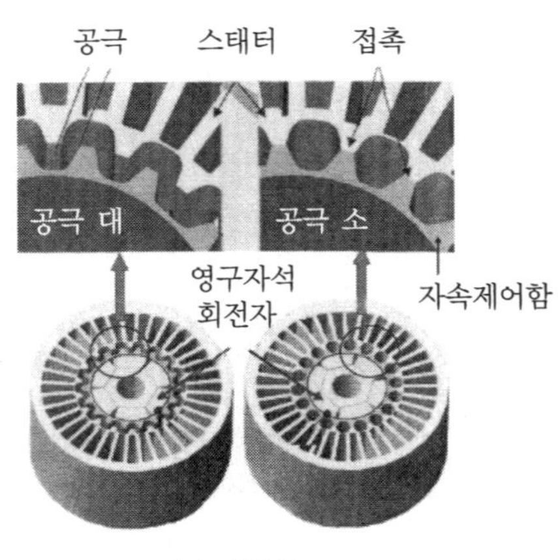

(a) 개념도

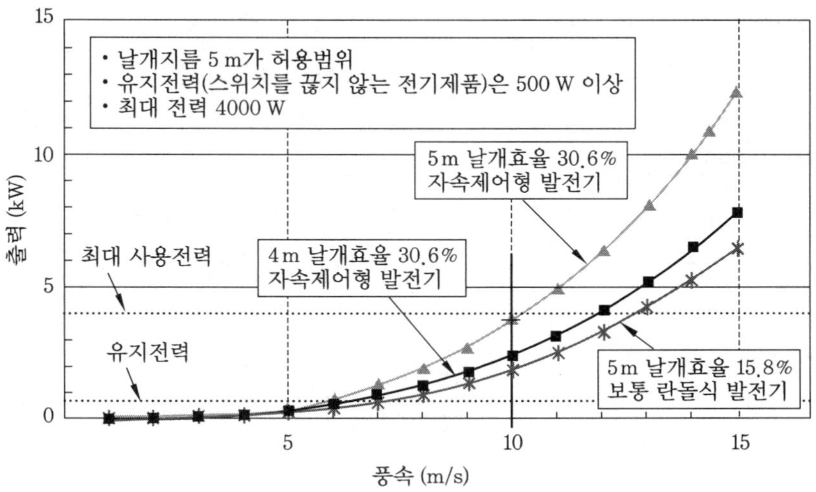

(b) 풍력 발전기에 사용한 경우의 출력특성

그림 5-9 자속제어방식 발전기

그림 5-9의 (b)는 풍력 발전기에 적용한 경우의 출력특성인데 5 m 날개의 출력을 10 m/s의 풍속에서 비교한 경우 보통 발전기의 1.5 kW에 대하여 약 2.7배(4 kW)의 발전출력을 얻을 수 있다.

② 아우터 로터형

그림 5-10은 재래형 2극 발전기의 내부구조로, 고정자에 부착된 계자 권선으로 만들어지는 자속을 회전자(전기자 코일)가 끊는 속도에 따라 기전력이 결정된다.

회전자의 주속비*가 그림 5-11에 보인 바와 같이 작으므로 전기자

---

* 주속비 : 재래형 발전기의 전기자 반지름을 r_1, 아우터 로터형의 전기자 반지름을 r_2로 하여 수차가 매분 1000회전하고 있을 때의 주속비는 다음과 같이 된다.

$$주속비 = 2\pi n/60 \times 반지름$$

여기서 $n = 1000$ rpm, $r_1 = 30$ cm, $r_2 = 40$ cm를 대입하면 각 주속비는 $r_1 = 3.15$, $r_2 = 4.2$로 되어 자석과 코일을 원주 부분에 배치함으로써 주속비가 약 25 % 증가하게 된다.

를 빨리 회전시켜 쇄교자석의 시간적 변화를 빠르게 함으로써 높은 기전력을 얻는 구조로 되어 있다. 그러므로 저속회전으로 높은 기전력을 얻기 위해서는 극수를 4, 8, 12 ……로 증가시켜야 하므로 구조가 대형화되는 동시에 큰 기동 토크를 필요로 한다.

이에 대하여 그림 5-12에 보인 아우터 로터형 발전기의 경우는 계자 권선(영구자석)과 전기자코일의 양자를 원주방향으로 배치(외주부근)함으로써 주속비를 높일 수 있다. 그러므로 저속회전으로 높은 기전력을 얻으려면 재래형과 마찬가지로 극수를 4, 8, 12 ……로 증가시킴으로써 기동 토크는 다소 증가하지만 구조를 대형화하지 않고 대응할 수 있다.

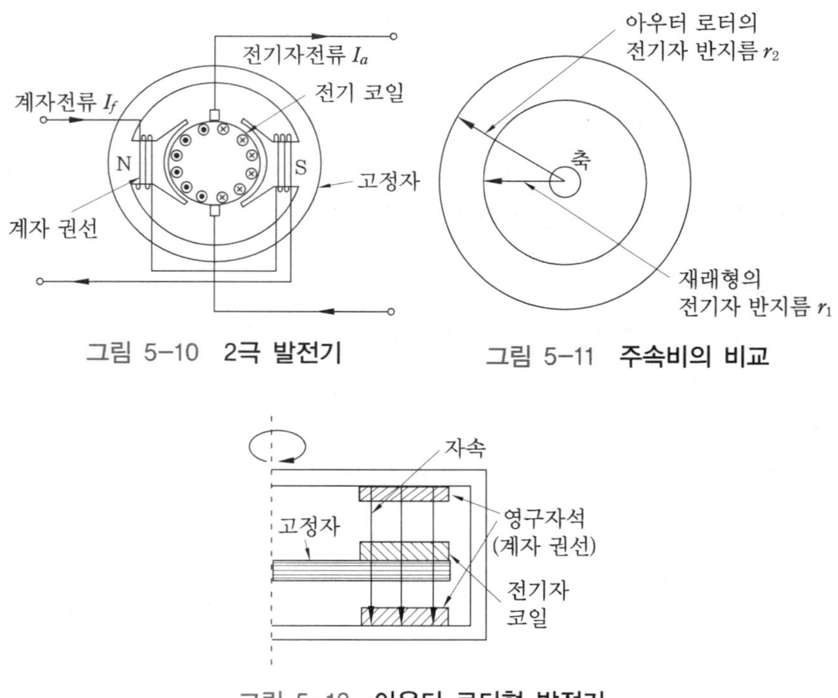

그림 5-10 **2극 발전기**   　　그림 5-11 **주속비의 비교**

그림 5-12 **아우터 로터형 발전기**

또 고정자는 철심을 사용하지 않는 코어리스 구조를 취하고 영구자석으로는 네오디뮴계나 사마륨계 같은 강자성 자석을 사용함으로써 그림 5-13 (a)에 보인 바와 같이 400 rpm에서 약 100 V의 발전전압을 얻을 수 있다. 철심을 없앰으로써 관성력이 작아지고, 베어링 등에 걸리는 부담이 경감되며 발전기 자신의 손실 경감을 도모할 수 있다.

 하지만 그 반면, 자속방향이 축과 평행으로 되어 있으므로 발전기 용량을 증가시키는 경우 자석과 코일 배치상 발전기의 지름도 커진다. 그 결과 베어링 등에 걸리는 부담이 늘어나게 되어 강도와 구조 면에서 대책이 필요하다.

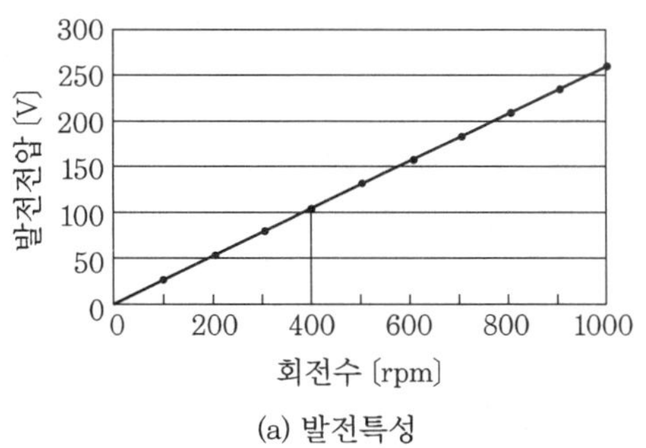

(a) 발전특성

(b) 겉모습

그림 5-13　아우터 로터형 발전기

③ 레이디얼형

 그림 5-14는 레이디얼형 발전기의 내부구조 (a)와 겉모습 (b)을 보인 것이다. 회전자인 영구자석과 고정자에 설치한 전기자코일을 원주 방향으로 배치한 구조로 되어 있다. 그러므로 자력선 방향이 축과 수직 방향으로 배치됨으로써 아우터 로터형에 비해 주속비를 높게 취할 수 있다.

 또 극수를 증가시킴으로써 더욱 높은 기전력을 얻을 수 있으므로 낮은 낙차에서 유량이 적은 용수로에도 충분히 대응할 수 있는 발전기이다. 발전기 용량을 증가시키는 경우 자석과 코일이 크게 되지만 높이 방향만을 크게 하면 되므로 발전기 축에 부담이 가해지지 않기 때문에 물리적 강도와 구조상의 문제를 극복할 수 있다.

그림 5-14 (c)는 회전수에 대한 발전출력의 관계와 저항 부하를 파라미터로 나타낸 것이다. 부하 (저항 : 10Ω)를 크게 취하면 500 rpm 부근에서 약 80 W의 발전출력을 얻을 수 있다.

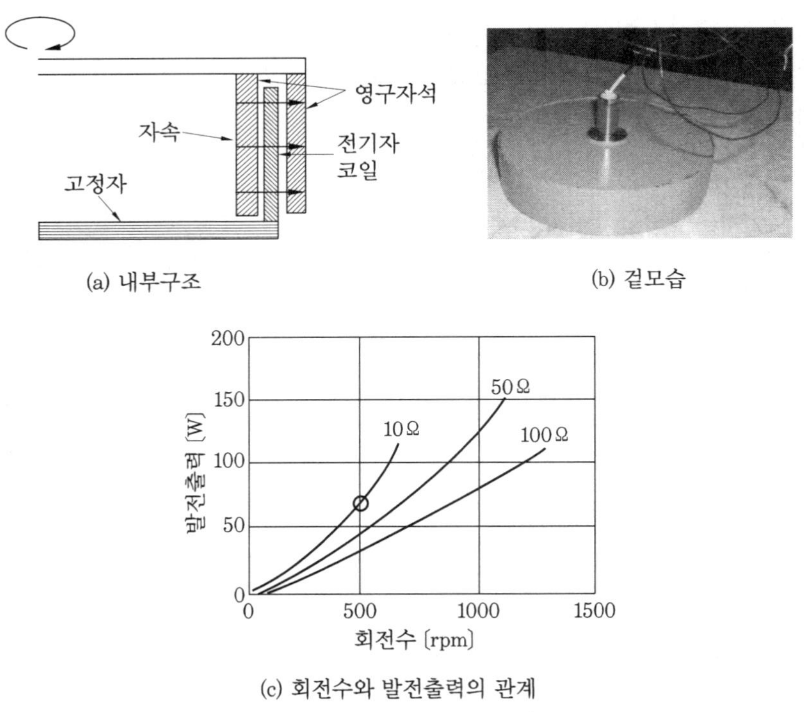

그림 5-14 레이디얼 발전기

제 6 장
동력전달장치

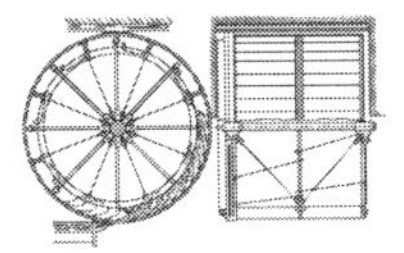

소수력 발전의 발전출력은 앞에서도 기술한 바와 같이 식 (6.1)로
나타낸다.

$$P = g \times h \times Q \times 효율\,(수차\ \eta_t,\ 발전기\ \eta_g)\ [\mathrm{kW}]\ \cdots (6.1)$$

여기서 $g = 9.8$은 중력가속도 $[\mathrm{m/s^2}]$, η은 수차와 발전기의 효율이
므로 상수가 된다. 유량 $Q\,[\mathrm{m^3/s}]$와 낙차 $h\,[\mathrm{m}]$가 발전출력을 좌우하
게 된다. 그러나 용수로의 낙차(경사)는 길이 1 km에 대하여 평균 약
30~40 cm 정도이다. 이와 같은 장소에서도 어느 정도의 유량만 얻
을 수 있다면 수차의 회전력도 높아지므로 발전기에 동력을 전달할 수
있다. 그 역할을 하는 것이 동력전달장치이다(통칭 증속기라 한다).
 수차의 회전속도가 발전기에서 전압을 발생시키는 것이 가능한 회
전속도를 얻을 수 있는 경우는 커플링으로 직결하거나 혹은 벨트 등
을 사용하여 동력을 전달할 수 있다. 그러나 수차의 회전속도가 발전
기에서 전압을 발생시키지 못할 정도의 회전속도인 경우 풀리나 벨트
를 조합한 증속방식, 혹은 낮은 회전수를 수십 배 내지 수백 배로 높
여서 발전기의 전압발생속도를 조정하는 증속방식이 있다.
 이 장에서는 수차의 회전속도를 조정하여 발전기에서 소망하는 전
압을 얻을 수 있도록 속도조정을 하는 전달방식을 소개하겠다.

6·1 벨트전달방식

 수차의 회전속도는 설치장소의 유량과 낙차에 따라 저속에서 고속
까지 크기가 변화하므로 동력을 효과적으로 전달하는 매개체로 이제
까지의 수력 발전소에서는 축직결방식이 이용되어 왔다. 그러나 소수
력 발전의 경우 축직결방식을 채용하여 발전에 이용하는 사례는 매우
드물다.
 많이 이용하는 방식은 그림 6-1에 보인 바와 같이 수차의 동력을
벨트에 의해서 발전기에 전하는 벨트방식이다.

　전동기 (모의수차)와 발전기가 가로 방향으로 배치된 경우는 각 풀리 상호를 V벨트로 결합시켜, 벨트비에 의해서 증속 조정을 하면서 동력을 전달할 수 있다.

　또 스페이스를 취할 수 없는 경우는 수차 위에 발전기를 설치하고 벨트로 위아래를 결합시키는 방식 등이 있다.

그림 6-1　**벨트를 사용하여 풀리로 증속한 예 (전동기는 모의 수차로 이용)**

　이들 방식에서는 전동기 및 발전기 축에 응력이 가해진 상태로 운전되기 때문에 축에 부담이 가해짐으로써 축이 느슨해져 벨트가 미끄러져 벗겨지기 쉬운 현상과, 베어링의 내구성이 문제가 된다. 또 수차와 발전기의 회전속도 차가 작은 경우는 풀리비에 의한 속도조정으로 충분히 대응할 수 있지만 회전속도가 커짐에 따라 풀리비만으로는 대응이 불가능하게 되는 동시에 사고의 위험성도 높아진다.

　이와 같은 경우 스페이스를 확보할 수 있다면 증속기 방식을 채용함으로써 사고를 미연에 방지할 수 있지만 대신 비용이 늘어난다.

6·2　축직결방식

그림 6-2　터빈과 발전기 축을 직결한 경우 (전동기는 모의 수차로 이용)

그림 6-2에 보인 바와 같이 수차와 발전기를 마주보게 설치할 수 있는 경우에는 축과 축을 커플링하는 축직결방식이 가능하다. 이 방식은 벨트 결합 등에 발생하기 쉬운 미끄럼이나 응력이 한 방향으로 쏠리는 폐단도 없으므로 동력을 효과적으로 전달할 수 있고 베어링에 가해지는 금속피로도 경감할 수 있다.

축직결방식은 단차나, 언제가 설치되어 있는 용수로, 하천 등에서 1 m 이상의 낙차와 0.1 m³/s 정도의 유량을 얻을 수 있는 장소에 적합한데 이것은 소수력 발전을 하는 경우 수차와 발전기의 회전속도 차가 작기 때문이다.

그러나 1 m 이하의 낙차와 유량이 적은 용수로 등의 경우에는 다음에 기술하는 증속기방식이 가장 적합하다.

6·3 증속기방식

소수력 발전의 경우는 설치장소의 낙차와 유량에 따라 수차의 회전속도 변화가 크다. 낙차를 거의 얻기 어려운 농업용 수로에서는 수차의 매분 회전수는 5~15회전, 낙차가 1 m 이상인 용수로에서는 100~150회전에 이른다. 이와 같은 장소는 이제까지 벨트와 풀리를 결합하여 속도를 조정하며 발전기에 동력을 전달했었다.

때문에 낮은 회전수밖에 얻지 못하는 용수로를 이용한 소수력 발전은 물리적으로 불가능했었다. 그 이유로는, 증속기가 가진 기능은 고속회전의 원동기 속도를 줄이는 감속기로 개발한 데 연유한다. 그러므로 감속기를 속도를 증가시키는 방식에 사용한 예는 이제까지 거의 찾아볼 수 없었다.

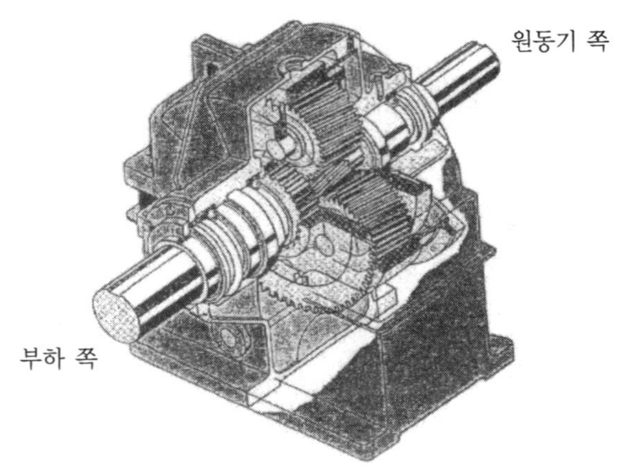

그림 6-3 **감속기의 내부 구조**

그림 6-3은 감속기의 내부 구조를 보인 것으로, 맞물린 수십 개의 기어를 회전시킴으로써 원동기의 고속 회전을 감속시켜 부하에 전달하고 있다.

풍력 발전이 보급된 배경에는 증속기의 역할이 매우 크다. 증속기를 사용하는 경우의 과제로는 다음과 같은 것이 있다.

(a) 증속기를 구동시키기 위해서는 터빈에 높은 축토크가 요구된다.

(b) 높은 축토크를 얻기 위해서는 큰 지름의 터빈이 필요하다.

(c) 터빈에서 얻을 수 있는 출력의 약 60 %로 증속기의 구동이 가능한 터빈 설계가 필요하다.

(d) 높은 발전출력을 얻기 위해서는 시스템이 대형화되고 큰 설치공사가 필요하므로 코스트 상승은 물론 설치하는 장소도 제한을 받게 된다.

하지만 최근 몇년 사이에 위에 지적한 것과 같은 과제가 하나하나 해결의 희망을 보여 왔다. 그 계기는 풍력 발전이 보급됨에 따라 증속기에 대한 개념이 크게 변화한 데서 연유한다. 종전에는 극수를 늘려서 저속 회전역에 대응하여 왔으므로 (표 6-1 참조) 발전기의 지름이 커져 대형화와 동시에 중량이 증가하는 등의 결점이 있었다. 그러나 그러한 결점이 개선되어 소형화, 경향화된 발전기 개발이 성과를 거둠으로써 고정자 혹은 전기자에 강자성의 영구자석이 사용되어 저속역에서 발전이 가능하게 되었으므로 그에 대응한 증속기 개발이 촉진된 것이다.

표 6-1 **동기 및 유도 발전기의 극수와 회전속도**

회전속도/매 분	극수 2	극수 4	극수 8	극수 12	극수 24	극수 30
주파수 60 Hz	3600	1800	900	600	300	240

제 5 장의 발전기편에서 기술한 바와 같이 발전기의 회전수가 400 rpm에서 약 100 V의 발전전압을 얻을 수 있는 아우터 로터형 발전기 혹은 500 rpm에서 약 70 V의 발전전압을 얻을 수 있는 레이디얼형 발전기의 등장으로 증속비가 20~50배 정도로 벨트전달방식의 적용이 가능하게 되었다. 그 결과 일본 같은 나라에서는 누구나 손쉽게 소수력 발전을 설치할 수 있는 발전시스템으로 인식되어 관광지나 지

자체 등에 서서히 보급되고 있다.

그림 6-4는 풀리와 V벨트 및 증속기를 결합한 예이다. 터빈 축에는 V형의 풀리를 장착하여 슬라이딩 마찰이 높게 얻어지는 구조로 되어 있다. 증속기에 전달용 풀리의 지름과 터빈 지름의 비율은 1 : 1.5배로 되어 있다. 또 증속기의 출력쪽과 발전기쪽 풀리의 지름비율은 1 : 8배이고 증속기의 증속비는 1 : 45이다.

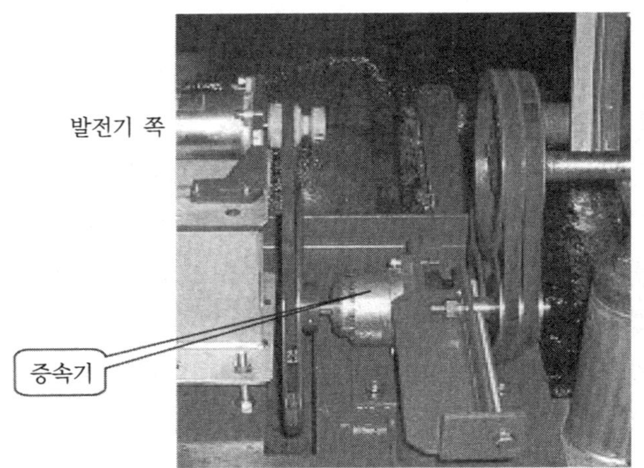

그림 6-4   증속기와 V벨트를 결합한 예

이 예와 같이 수차가 초저속 회전하는 경우에도 풀리, 벨트, 증속기를 결합한 방식으로 소수력 발전은 가능하지만 증속기에서 소비되는 구동에너지는 수차 출력의 80 % 이상에 이르므로 낮은 회전으로도 효율적으로 발전전압을 얻을 수 있는 발전기 개발이 기대된다.

제 7 장
소수력 발전의 설치장소와 설치 예

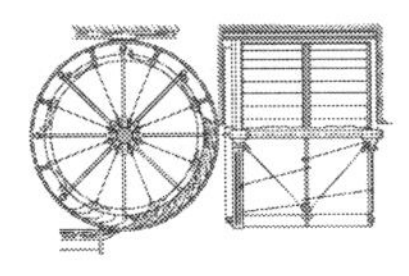

소수력 발전은 어느 정도의 낙차와 유량만 얻을 수 있는 장소에 설치한다면 수백 W~수 kW 발전용량의 발전소를 설치할 수 있다. 성능이 다소 떨어지는 시스템일지라도 유량과 낙차만 충분히 얻을 수 있는 장소이면 발전할 수 있으므로 설치장소 선정은 매우 중요하다. 또 설치장소를 물색할 때는 지형뿐만 아니라 발전하는 지류와 용수로 등도 충분히 살펴볼 필요가 있다. 지류와 용수로 등에는 하천법과 수리권(水利權), 환경보전법, 농지법, 수자원보호법 등 물과 관련되는 규제가 그물눈처럼 얽혀 있기 때문이다.

7·1 설치장소의 조사

여기서는 수력 발전에 적합한 장소의 조건과 설치방법, 설치장소에 적합한 수차 혹은 어떠한 수차를 적용할 수 있는가 등에 대하여 기술하도록 하겠다.

소수력 발전은 생산지 소비가 원칙이지만 그것이 불가능한 경우일지라도 소비장소에서 너무 멀지않은 지점에 발전소가 설치되는 것이 바람직하다. 또 발전출력에 상응하는 부하에 전력을 공급할 수 있어야 하므로 다음 항목에 대한 조사와 검토가 필요하다.

(a) 유량·유속, 낙차 선정도와 연중(年中) 안정된 수량을 확보할 수 있는가

(b) 소수력 발전과 전력 소비지 간의 거리는 어느 정도인가

(c) 발전설비의 설치공사가 용이하고, 증수나 홍수 때의 대책을 충분히 강구할 수 있는 지형인가 (경사면이나 낙석 등)

(d) 주변 생태계와 자연환경에 영향을 미치는 장소는 아닌가

(e) 하천법이나 수리권 등에 저촉되는지 여부와 관련 법규에 따라 신청서를 제출하는 경우 제출서류의 종류와 부수 등

(f) 전기사업법에 따른 공사계획서 제출, 역조류(잉여전력)가 발생한 경우 전력회사와의 계통연계에 관한 협의기관의 설치 검토

(g) 설치공사와 운전개시 후의 유지관리, 안전성 (보안)을 확보하기
  위한 전기기사 선정 신청 등

위의 여러 항목에 대한 조사와 검토를 거친 후에 낙차를 얻기 어려운 경우의 설치방법, 적용할 수 있는 수차와 발전기 검토, 소비지까지의 배전방법, 사용부하와 발전출력과의 매칭 등 발전계획을 작성해야 한다.

특히 중요한 점은, 부하에 부합되는 발전규모 (용량 [kW])를 결정할 것이 아니라 설치지점의 유수 (流水)를 토대로 산출된 최대 발전출력의 약 80 % 정도의 발전출력에 적합하도록 부하를 선택할 필요가 있다. 시간에 따라 크게 변동하는 동력부하 등은 가급적 피하고 (발전용량이 큰 경우에는 부하를 가릴 필요가 없지만) 조명이나 TV, 냉장고 등 부하 변동이 작은 제품이 적합할 것으로 보인다.

소수력 발전은 어엿한 지역자원이므로 지역활성화에 기여할 수 있는 이용방법을 검토하면서 지역간 교류를 촉진함과 동시에 누구나 손쉽게 설치할 수 있는 발전시스템으로서 기술적으로 개선할 필요가 있다.

설치장소에 대한 조사는 설치가 실제로 결정된 단계에 하여도 큰 지장은 생기지 않는다. 그러나 (e), (f), (g)에 관해서는 시초 단계부터 조례 (條例)의 종류와 그 협의기관 등에 대한 조사와 신청서류 등을 마련하는 것이 현명하다.

7·2   소수력 발전의 후보지

그림 7-1은 하천에서 흔히 볼 수 있는 유수의 흐름으로, (a)처럼 자연으로 존재하는 암석 사이를 솟구치듯이 흐르는 유수와 (b)처럼 암석이 만든 자연의 언제를 흘러 떨어지는 유수를 이용하는 방식을 생각할 수 있다.

또 그림 7-2에서와 같이 인공적으로 만들어진 치수용 댐의 낙차를

이용할 수 있는 지점에 소수력 발전을 설치할 수도 있다. 이와 같은 지점에서는 방축으로부터 4~5 m의 낙차를 얻을 수 있고 유량도 풍부하므로 높은 발전출력을 기대할 수 있다.

(a) 암석층

(b) 방축

그림 7-1 **자연적으로 만들어진 방축**

그림 7-2 **치산·치수용 댐**

그림 7-3은 농업용 수로의 예로, (a)에서와 같이 수로의 길이가 수백 m~수 km에 이르는 경우는 낙차를 거의 얻을 수 없으므로 용수로 안에 방축을 쌓아 낙차와 유속을 얻는 방법, 혹은 용수로의 폭을 좁혀서 낙차와 유속을 높이는 방법 등이 있다.

그림 (b)와 같이 단차가 있는 경우는 그 낙차를 이용한다. 용수로에 다리가 걸쳐 있는 경우는 다리 난간에 설치하는 방법도 생각해 볼 수 있다.

(a) 길이가 긴 용수로

(b) 단차가 있는 용수로

그림 7-3 **농업용 수로**

그림 7-4는 일본 어느 농촌의 마을 중앙을 관통해 흐르는 용수로(작은 내에 가까운)의 예인데, 연간 유량이 거의 일정하며 유수 조절용 수문 등도 설치되어 있다. 이와 같은 용수로는 농가의 인근이나 담장 가까이에 흐르고 있으므로 발전시스템 설치가 용이한 반면 낙차를 얻기 위해서는 몇 가지 조치가 필요하다. 용수로 내에 인공 방축을 만들어 낙차를 얻는 방법과 용수로 폭을 좁히는 방법 등으로 10∼30 cm 정도의 낙차를 얻을 수 있음과 동시에 유속도 빠르게 되므로 소수력 발전의 설치가 가능하다.

그림 7-5는 소수력 발전소 설치를 검토하고 있는 일본 어느 농촌 지역의 용수로의 경우인데, 이 용수로의 폭은 5 m 정도이고 길이는 2.5 km에 이르는 생활용 수로이다. 마을 중심부를 관통하듯 흐르므로 그 마을의 상징적 존재가 되어 여름과 가을철에는 갖가지 축제가 개최되기도 한다. 용수로의 평균 수심은 58.4 cm이고 가장 깊은 곳은 1.4 m 정도이다. 설치를 예정하고 있는 장소는 용수로 하류에 위치하고 있으며 약 40 cm 정도의 방축이 설치되어 있다.

그림 7-4 **농촌 일대를 흐르는 용수로**

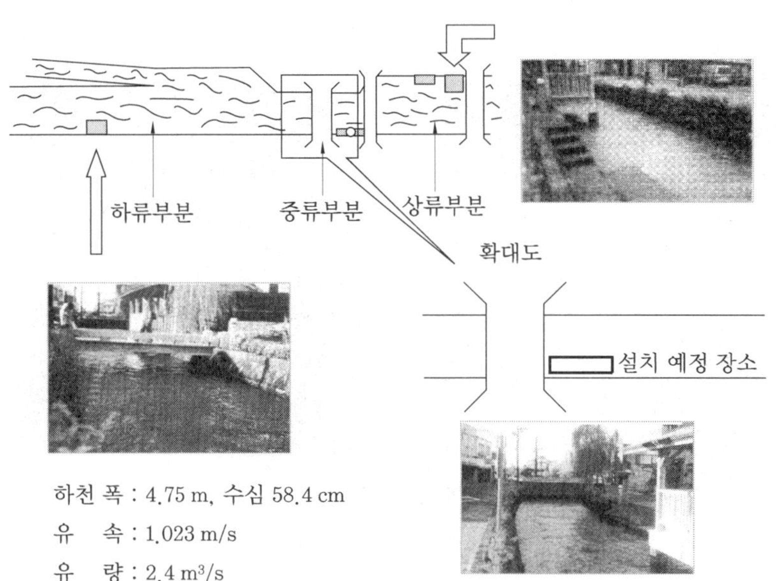

하천 폭 : 4.75 m, 수심 58.4 cm

유　속 : 1.023 m/s

유　량 : 2.4 m³/s

그림 7-5 **설치를 예정하고 있는 용수로**

　그림 7-6은 그 밖의 후보지로 소수력 발전에 적합한 몇 종류의 배수로 예를 보인 것이다. 생활 배수로(a)와 정수장 배수로(b), 혹은 공장 배수로(c) 등은 낙차도 충분히 얻을 수 있고 유량도 일정하게 넉넉히 흐르는 유수인 경우가 많으므로 소수력 발전소 설치가 가능한 장소이다. 그러나 배수에 포함되어 있는 물질에 따라 수차와 발전기에 미치는 영향도 고려해야 하고, 특히 공장의 배수로를 이용하려는 경우에는 필히 사전에 수질검사 등을 할 필요가 있다.

(a) 생활 배수로

(b) 정수장 배수로

(c) 공장 배수로

그림 7-6　**기타 배수로**

7·3 소수력 발전의 설치 예

소수력 발전은 설치장소가 넓지 않기 때문에 발전소의 지형 등을 변화시키지 않고도 설치할 수 있으며 공사기간이 짧아 유수만 있으면 즉시 발전할 수 있다. 또 CO_2를 발생하지 않는 청정 에너지여서 유럽과 아시아 등에서 큰 관심을 보이고 있다.

여기서는 설치장소에 따라 크게 변화하는 낙차와 유량에 대응한 해외 몇몇 나라의 소수력 발전시스템의 설치 예를 소개하겠다.

(1) 일본의 사례

① 평탄한 용수로의 예

일본의 각지에서 볼 수 있는 농업용 수로 혹은 관개용 수로의 흐름은 대부분 완만하다. 그림 7-7 (a)의 용수로는 1 km로 약 30 cm 정도의 경사각밖에 얻을 수 없고 계절에 따라 유량도 크게 변화한다. 이에 비하여 (b)의 농가 옆을 잔잔하게 흐르는 용수로는 일상 생활에 이용될 정도로 유량이 풍부하고 계절에 따른 변화도 미미하다.

(a) (b)

그림 7-7 **용수로의 예**

　이와 같은 용수로에서는 수로 내에 보나 방축을 설치함으로써 수십 cm 정도의 낙차를 얻을 수 있고 유속을 빠르게 하는 효과도 거둘 수 있다. 또 용수로의 수로 폭을 좁힘으로써 마찬가지 효과를 얻을 수 있으므로 밑돌림 수차를 적용하는 것이 가장 적절할 것으로 보인다.

　유속에 따라서는 수차로부터 얻는 회전수도 매분 10~30회전 정도가 되므로 재래형 발전기를 사용하는 경우에는 수차의 회전수를 증속해야 한다. 예를 들면 10회전에서는 100배, 30회전에서는 33배 정도의 증속기가 필요하다.

　증속기는 수차에 큰 동력 부하로 작용하여 발전기에 전달되는 동력이 매우 작아지므로 수차를 설계하는 경우 깊이 고려할 필요가 있다. 증속기의 전달효율이 30 %인 경우는 수치로부터 얻어지는 동력의 약 70 % 이상을 증속기가 소비하는 꼴이 되므로 발전기에 전달되는 동력은 나머지 30 %에 지나지 않는다. 그러므로 수차 지름 혹은 중력을 증가시키는 방법 등으로 회전토크를 얻어야만 한다. 또 방축비나 보를 너무 높게 쌓으면 유수의 기포작용 등 때문에 수차의 회전력을 방해하는 방향으로 힘이 작용하므로 방축 높이의 설계도 중요하다.

　또 하나의 방법으로는, 용수로 폭을 좁힐 수 있다면 수십 cm 정도의 낙차와 동등한 효과를 얻을 수 있고 유속도 빨라져 밑돌림 수차에는 효과적으로 작용하게 된다.

　특히 농업용 수로의 경우는 농번기와 농한기, 혹은 계절에 따라 서로 유량에 큰 변화가 발생하므로 연간 수량 조사를 실시할 필요가 있다.

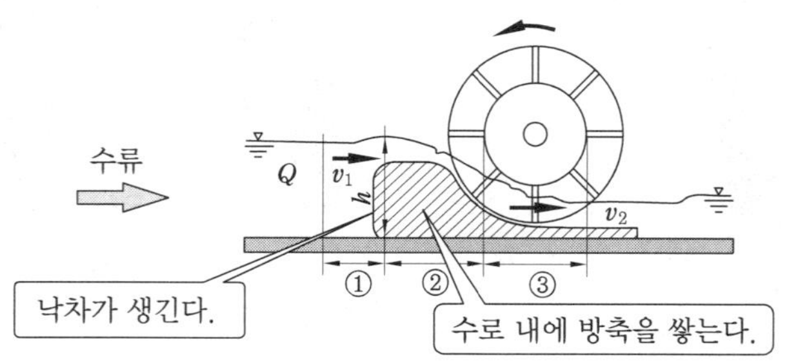

그림 7-8 **밑돌림 수차를 용수로에 설치하는 경우**

② 단차가 있는 용수로의 예

그림 7-9는 단차가 있는 농업용 수로의 경우이다. 낙차가 1 m 확보된다면 카플란 수차나 크로스 플로 수차 등을 적용할 수 있다. 그림 (b)는 사이펀식 카플란 수차를 적용한 예인데 최대출력 30 kW, 가동률 75 %, 70가구분의 전력(약 940 kWh)을 발전하고 있다.

그림 7-9 단차가 있는 용수로에 설치

이 소수력 발전소는 일본의 나스시오바라시 (那須塩原市)의 나스노하라 토지개량구에 설치된 예인데 유량은 $2.4 \, m^3/s$, 낙차는 2 m로 알맞은 조건이어서 수차의 회전수는 매분 204회전, 증속비는 약 10배, 발전기는 정격전압 220 V, 주파수 50 Hz의 3상 유도 전동기를 사용하고 있다. 저압 배전으로 계통과 연계된 발전시스템으로 실증시험을 하였으나 2005년도에 모든 실험을 성공리에 끝냈다. 그리고 2006년 다시 발전출력을 증가시키는 실험을 시작했다.

  길이 약 1 km 정도의 용수로에는 단차가 수개소 있으므로 신규로 3 대의 소수력 발전시스템 설치를 끝내고 그해에 실용운전에 들어갔다. 이 결과 총 발전출력은 약 120 kW 이상으로 늘어나 하루 발전량은 2880 kWh, 약 200가구 분의 소비전력량을 생산하게 되었다.

③ 하천의 방축

  그림 7-10은 1급 하천에 사방 (치수) 댐이나 방축 등이 설치되어 있는 경우 방축 높이 (낙차)를 이용한 소수력 발전 설치 예이다. 일본 최초로 1급 하천에 설치된 교토 아라시야마 (嵐山) 수력 발전소의 예로, 2005년부터 실용운전을 시작했다. 사이펀 (siphon)식은 시동 때는 수차를 펌프로 가동시키기 때문에 계통과의 연계가 필요하다. 방축에 저축된 유수를 수차펌프로 퍼올려 사이펀의 내부압을 높여 드래프트 튜브 안을 진공상태로 한다. 그 후에 내부압에 의해서 유수는 자동적으로 수차에 흡인되어 회전하게 된다. 러너 블레이드에 부딪친 유수는 수차 안을 관통하여 드래프트 튜브를 통하여 하천 아래로 빠져 나간다.

그림 7-10 **교토 아라시야마 수력 발전소의 방축**

수차는 사이펀식 프로펠러 수차(그림 7-11)을 채용하고 발전기는 3상 유도 전동기를 사용하고 있다. 발전전압은 220 V, 주파수는 60 Hz, 유량은 0.55 m³/s, 낙차는 2 m로 5.5 kW의 발전출력을 얻고 있다. 전력회사와 전압배전으로 연계되어 있어 잉여전력의 배전이 가능한 발전시스템이다.

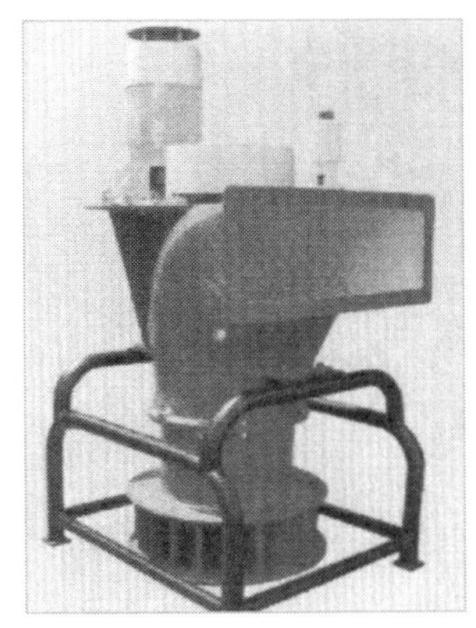

그림 7-11 **사이펀식 프로펠러 수차**

④ 저수지식과 도수 파이프

(a) 취수지

(b) 크로스 플로 수차

그림 7-12 **취수지에서 물을 끌어오는 방식**

위의 그림 7-12는 지류나 용수로 등의 유수를 직접 이용할 수 없는 경우 유수를 일시적으로 막아 저수하고, 그 물을 도수 파이프로 발전소까지 끌어와 발전하는 예이다.

이와 같은 장소에는 크로스 플로 수차식 시스템이나 마이크로터보형 시스템이 적용된다. 크로스 플로식 수차는 유수가 러너를 관통할 때의 수압으로 수차를 회전시키므로 유량 변화에 대하여 그림 7–13에 보인 가이드 밸브를 전폐 (a)에서 전개 (b)까지 조정함으로써 수차 회전수를 거의 일정하게 유지할 수 있으므로 안정된 발전출력을 얻을 수 있다.

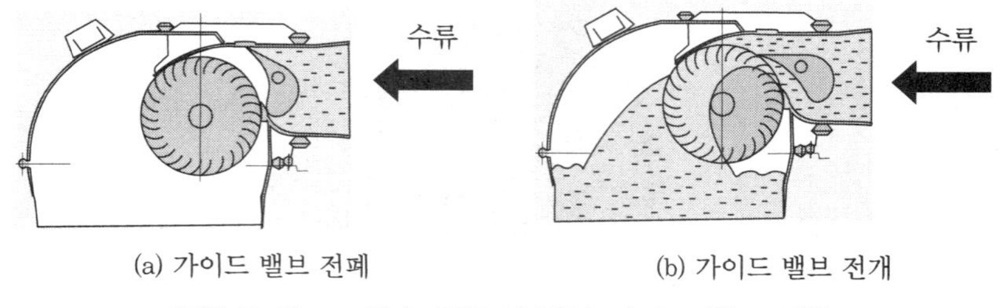

(a) 가이드 밸브 전폐　　　　　　　　(b) 가이드 밸브 전개

그림 7–13　**크로스 플로 수차의 가이드 밸브 작용**

그림 7–14에 보인 일체형 발전시스템은 유량조정장치를 생략하여 발전기와 수차를 일체로 플램에 수용한 것으로, 수차 회전수는 3000 rpm, 발전출력은 5 kW, 전압은 100/200 V의 교류 발전기로 50/60 Hz의 주파수에 사용할 수 있으며 무게는 150 kg이다.

일체형 발전시스템으로는 또 2006년에 상품화한 "리터 수력 발전"이 있는데, 이는 수차와 발전기 등을 수력 발전 유닛 내에 함께 수용한 것으로, 0.5 kW와 1 kW형 두 종류가 있다. 낙차는 1~10 m, 유량은 5~17 L/s, 출력전압은 24 V와 48 V이다. 배터리를 장비한 독립전원으로 사용할 수 있으며 인버터에 의해서 교류출력으로 변환할 수 있다. 무게는 50 kg과 75 kg이다.

그림 7-14 **일체형 발전시스템의 마이크로로터보형**

　이들 유닛의 특징은 수차와 발전기를 일체화한 소형, 경량화에 있으며 저수구와 배수로에 연결만으로 발전할 수 있는 구성이므로 장치 설치의 간략화와 공기 단축을 도모할 수 있다. 또 유수만 확보할 수 있는 곳이면 어떤 곳에서나 발전할 수 있으므로 농사작업이나 공사현장, 작업용 기기의 구동용 전원으로 활용할 수 있다.

⑤ 상수도 (송수관)

　그림 7-15는 유수가 발전과는 상관없는 다른 목적, 즉 식용수로 이용되고 있는, 상수도의 송수관 유수를 이용한 사례이다.

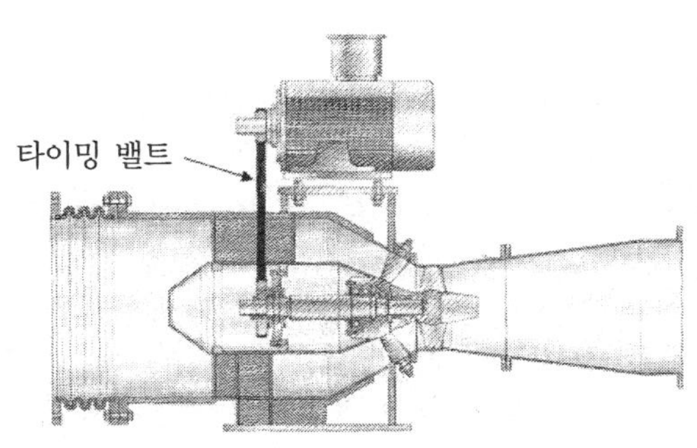

그림 7-15 **마이크로튜블러 수차**

일본의 가와사키 (川崎)시 수도국이 송수관의 간선 도중에 바이패스를 만들어 분기를 마련하고, 수차와 발전기를 그림 7-15와 같이 배치한 구성 예다. 송수관로의 유량이 매우 크므로 마이크로튜블러 수차를 적용할 수 있어 시스템 전체를 간략화할 수 있다. 발전기는 유도기 혹은 동기기 (同期機)를 사용할 수 있다.

이 발전소의 발전출력은 3상 200/400 V, 50/60 Hz로, 발전출력 70 kW, 낙차 37.9 m, 1일 유량 7~8만 m^3에서 획득하는 발전량은 2750 가구의 연간 소비전력량에 상당하는 약 110만 kWh이다.

수도산업에서는 전력소비가 많으므로 발전 전력량 전부를 발전소 내 조명과 펌프 구동용으로 사용하기 때문에 구입 전력량을 절전함과 동시에 연간 약 400톤의 CO_2 감축효과를 발휘하고 있다.

⑥ 공장 배수로와 정화장 배수로

그림 7-6에서 보인 생활 배수로나 정수장 배수로 등의 낙차와 유량을 이용하여 수력 발전을 하는 것도 가능하다. 그러나 장소에 따라서는 수질이 강한 산성 (酸性)을 나타내기도 하므로 실제로 설치하는 경우에는 사전에 세밀한 수질검사를 실시할 필요가 있다. 식품공장이나 염색공장 등 유수를 대량으로 사용하는 장소에서는 평균유량이 $0.3~0.6\,m^3/s$, 낙차도 2~5 m 가까운 곳이 있으므로 5~20 kW 정도의 발전출력을 기대할 수 있다.

(2) 노르웨이의 사례

천혜의 기후와 지세 조건으로 노르웨이에서는 총발전량의 90 %를 수력 발전으로 공급하고 있다. 1960~70년대에 전력수요가 증가하자 노르웨이에서는 대규모의 수력 발전소 건설이 진행되고, 전력회사와의 송전망 확립과 비례하여 1000 kW 미만의 소규모 화력 발전소는 저렴한 전력요금에 견디지 못하고 정지하는 사태가 벌어졌다.

1992년, 노르웨이 정부는 대규모 수력 발전소와 화력 발전소의 플랜트 건설에 대하여 자연 보호와 자연경관 혹은 CO_2 배출의 우려가 높아지는 추세에 따라 소규모 수력 발전소 개발과 송전망 전력을 공급하는 것을 승인했다. 1992년 이후의 조사에 의하면 미니 수력 발전소 (100~1000kW) 98기와 마이크로 수력 발전소 (100 kW 미만) 74기가 송전망에 전력을 공급하고 있다.

이와 더불어 마이크로 수력 발전소·미니 수력 발전소에 전향적으로 기존의 낡은 발전설비에 대한 개수작업이 추진됨과 동시에 1000 kW 미만의 발전소 신설이 이어지고 있다. 이 프로젝트는 다음 사항을 평가하면서 진행되고 있다.

(a) 소규모 수력 발전소의 건설·운전에 관한 기술적, 경제적 제약의 검토

(b) 마이크로 수력 발전소·미니 수력 발전소에 관한 정보서비스의 충실한 제공

(c) 계획 중이거나 실시 중인 프로젝트에 의한 경제성 평가에 관하여 새로운 매뉴얼 작성

(d) 마이크로 수력 발전소·미니 수력 발전소의 플랜트 신설 가능성에 관한 조사

(e) 전기설비와 기계설비에 관한 최소한의 기준규격 등을 설정하는 센터의 설립

앞으로 전력수요와 CO_2 감축을 위하여 이와 같은 소규모 수력 발전소 개발이 더욱 매력적인 선택지가 되어 노르웨이가 필요로 하는 전력량 대부분을 계속 공급해 나갈 계획이다.

(3) 부탄 왕국

히말라야 산맥 속에 위치한 은둔의 왕국 부탄은 인구 약 70만명, 면적은 300 km^2로, 국내의 전화율 (電化率)은 30~40 % 정도이다. 작

은 나라이지만 COP (유엔 기후변동조약 체결국회의) 컨덕터그룹 의장을 역임하는 등 지구환경문제에 관해서는 관심이 높은 나라이다. 그러나 정부의 자세와 개발도상국의 지속가능한 발전을 지원하는 차원에서 일본, 프랑스, 캐나다, 미국의 전기사업 회사가 첸디부지촌에 70 kW의 소수력 발전소를 건설했다.

첸디부지촌은 수도 팀부에서 약 150 km 떨어진 험준한 산악지대로 전기가 들어오지 않는 마을이다. 마을 안의 약 50가구에 전기를 공급하는 발전소는 2005년 8월에 운전을 시작했다 (연간 발전량은 약 1840만 kW).

마을에 전기가 들어오기 전에는 케로신 (등유) 램프로 생활해 왔으며 발전시설은 준공 후 부탄 왕국 에너지청에 이관되고 운영은 훈련받은 마을 사람이 담당하고 있다. 이 전력사업은 프랑스 전력회사, 캐나다의 하이드로퀘벡사, 미국의 파워사, 일본의 간세이전력이 프로젝트에 참가하여 건설했으며 연간 CO_2 감축량은 약 500톤에 이른다.

또 톤사주에 건설한 마이크로 수력 발전소는 관개용수용으로 모든 유수를 개구수로로 끌어와 발전하고 있다. 발전전력은 부부샤마을의 78가구와 초등학교 등의 전력용으로 쓰이고 있으며 발전출력 30 kW, 낙차 50 m, 유량은 $0.1\,m^3/s$로 크로스 플로 수차가 사용되고 있다.

(4) 베트남의 사례

베트남의 경우 도시지대에서는 급격한 경제발전으로 전력망도 정비되어 전화율이 90 % 정도에 이르고 있다. 그러나 지방으로 갈수록 전화율은 떨어져 약 60 % 정도에 불과하다. 때문에 베트남정부는 2010년까지 미전화지역 일소를 위한 방침을 수립했다. 특히 전력망 정비가 어려운 촌락에 대해서는 자연에너지를 이용한 분산형 전원을 추진하고 있다.

지방에는 수자원이 풍부한 편이므로 각 지방의 촌락에서는 수차와 발전기를 일체화한 소형 베트남 축류 수차를 사용하여 (발전출력 0.2~ 0.5 kW) 소수력 발전에 의한 전화사업을 추진하고 있다. 또 발전출력 을 3~5 kW로 높인 수력 발전용 수차로는 베트남 타고 수차 (그림 7-16)가 있다.

그림 7-16 **베트남의 타고 수차**

환경친화적이고 자원도 풍부한데다, 특히 순 국산 재료로 제조할 수 있는 베트남 축류 수차 (1대당 가격은 400만 원 전후)는 누구나 간단하게 설치할 수 있고 2~3일만 훈련을 받으면 쉽게 유지 관리할 수 있다. 이에 따라 베트남에서의 소수력 발전은 전력 공급에 서광이 되고 있다.

(5) 인도네시아

인도네시아는 자바섬 지역에서 소수력 발전 프로젝트로 관개수로 등의 낙차가 있는 유수를 이용한 소수력 발전사업을 추진하고 있다. 이 사업은 인도네시아 파워사와 일본의 주고쿠전력이 공동으로 진행하고 있는 소수력 발전 프로젝트이다.

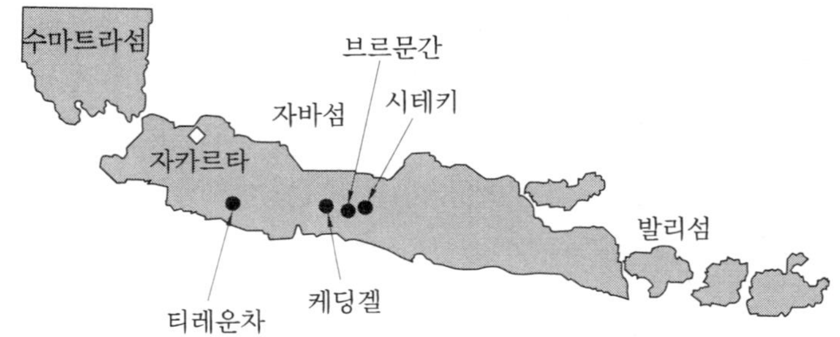

그림 7-17 **자바섬의 소수력 발전 실시 장소**

자바섬의 4개 지점 (그림 7-17 참조)에 소수력 발전소를 설치할 예정인데, 발전출력의 합계는 4300 kW, 연간 발전량은 약 2600만 kWh로, 전량 인도네시아 국영 전력회사에 매전할 계획이다. 이 프로젝트로 온실효과 가스의 배출 감축과 흡수원 강화 효과가 기대된다.

또 하나의 예는 수마트라섬 와이카난주에 위치하는 장소에 설치되어 있다. 여기에는 높이가 약 45 m의 낙차를 갖는 폭포가 있으며, 폭포 상부에 조성된 못에 저수된 물을 도수관으로 끌어와 발전하고 있다. 발전한 전력은 인근의 코타와이 촌락의 약 450세대에 전력을 공급하고 있다. 발전출력은 93 kW, 36.8 m의 낙차에서 $0.57 \text{ m}^3/\text{s}$의 유량을 크로스 플로 수차로 동기 발전기를 돌려 발전하고 있다. 잉여전력은 방수로에 거버너를 설치하여 수량을 조절함으로써 발전출력을 제어하고 있다.

7·4 소수력 발전의 실증 예

우리나라의 경우는 사철 풍부한 수량 (水量)의 용수로가 흔한 편이 아니지만 일본의 경우는 사정이 다르다. 전국 곳곳에 풍부한 수량의 용수로가 잘 정비되어 있어 대학과 전문가들의 전언이나 기록에 따르면 거주지 인근에 유속이 빠른 용수로가 있고 수량도 풍부하므로 소수력 발전을 설치하고 싶다는 전화 또는 편지를 자주 받는다고 한다. 그러나 수량만 풍부하다고 해서 발전소를 설치할 수 있는 것은 아니다. 실제로 희망하는 장소를 방문해 보면 설치 예정장소의 지류나 농업용 수로 등의 자연조건(유량, 낙차, 지형 등)이 부적합한 경우가 대다수라고 한다. 유량은 풍부하지만 낙차가 수 cm에 불과한 경우와 낙차는 1~3 m로 충분하지만 설치장소를 확보할 수 없는 경우가 절반 이상이라고 한다.

여기서는 수 cm 정도의 낙차와 $0.01\ \mathrm{m^3/s}$ 이하의 유량에 소수력 발전소를 설치하기까지의 과정을 모의장치를 사용한 실험 사례를 소개하겠다.

(1) 용수로 유수에 의한 소수력 발전

① 발전출력

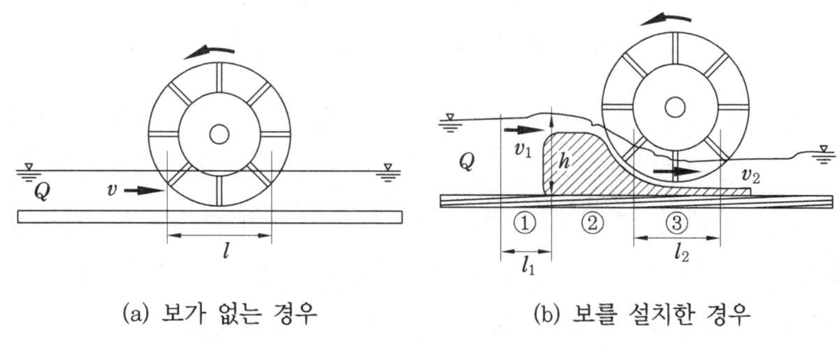

(a) 보가 없는 경우   (b) 보를 설치한 경우

그림 7-18 **용수로를 이용한 경우**

그림 7-18 (a)는 개방형 용수로에 밑돌림 수차를 적용한 경우의 이미지도이다. 용수로의 기울기는 1 km에 약 20 cm 정도이므로 발전출력은 유수가 가지고 있는 운동(이동)에너지로 유속에 의해서 얻어지게 된다.

유수가 가지고 있는 이동에너지 P_i는 식 (7.1)로 주어진다.

$$P_i = M\alpha L = QvL\,[\text{J}] \quad\cdots\cdots\cdots\cdots\cdots\cdots\cdots\cdots\quad (7.1)$$

여기서, M : 물의 질량 [kg],

l : 수차에 유수가 가해지는 부분의 폭 [m],

α : 가속도 [m/s^2], Q : 유량 [m^3/s], v : 유속 [m/s]

이동에너지에 의해서 수차가 받는 시간당 에너지 (P_w)는 다음과 같이 된다.

$$P_w = \frac{P_i}{t} = \frac{Qvl}{t} = Qv^2\,[\text{kW}] \quad\cdots\cdots\cdots\cdots\cdots\cdots\quad (7.2)$$

따라서 발전기에 작용하는 수차 축의 에너지 (P_a)는 수차의 손실이 제로라고 하면 식 (7.3)으로 주어진다.

$$P_a = Qv^2 = Fv = Fr\omega = T\omega = \frac{2\pi NT}{60}\,[\text{kW}] \quad\cdots\cdots\quad (7.3)$$

여기서, F : 추진력 [N], r : 수차 반지름 [m], ω : 각속도 [rad/s]

T : 토크 [N $\cdot$ m], N : 회전수 [rpm]

즉 용수로에서 얻을 수 있는 발전출력은 유량 Q와 유속 v의 2제곱이 되지만 유량은 거의 일정한 것으로 볼 수 있으므로 발전출력은 유속 v에 의해서 결정되게 된다. 바꾸어 말하면 용수로를 이용하는 경우의 키포인트는 유속 v를 빠르게 하는 것이다. 유속을 빠르게 하는 방식의 하나는 용수로 내에 보를 설치하는 방법이다.

그림 7–18 (b)는 용수로 내에 보를 설치한 경우를 이미지화한 것이다. 그림에서 ① 구간에서는 유속이 빨라짐과 동시에 낙차 h도 얻을 수 있으므로 발전출력 P_g는 다음 식으로 주어진다.

$$P_g = Qv_1 l_1 + mgh\,[\text{J}] \quad\cdots\cdots\cdots\cdots\cdots\cdots\cdots\quad (7.4)$$

또 구간 ③에서는 mgh의 에너지가 속도에너지 $Qv_2 l_2$ [J]로 변환되어 수차에 작용하므로 속도를 증가시키는 방향으로 작용한다.

② 모의실험장치의 제작

용수로의 유수 및 유속만으로 소수력 발전의 가능성을 검토하기 위해 소수력 발전시스템의 약 $\frac{1}{10}$ 모의실험장치를 제작했다. 제작한 용수로의 수로 길이는 3.6 m, 수로 폭은 9 cm이다. 목재를 가공하여 방수도료를 칠한 위에 용수로 전체를 비닐시트로 덮어 물이 누설되지 않는 구조로 했다. 수차는 지름 17.5 cm, 폭은 7.5 cm, 블레이드는 유수의 이동에너지와 유속이 발전출력에 어떻게 영향을 미치는가를 조사하기 위해 수차 블레이드 6개용과 8개용의 두 가지를 준비했다.

또 용수로 내에 설치하는 보는 공작용 점토를 굳혀 랩에 3중으로 싼 다음 용수로 내에 고정했다. 소수력 발전용 모의장치의 전체도는 그림 7-19와 같다. 시스템은 수차, 증속기, 발전기 및 부하로 구성되어 있다.

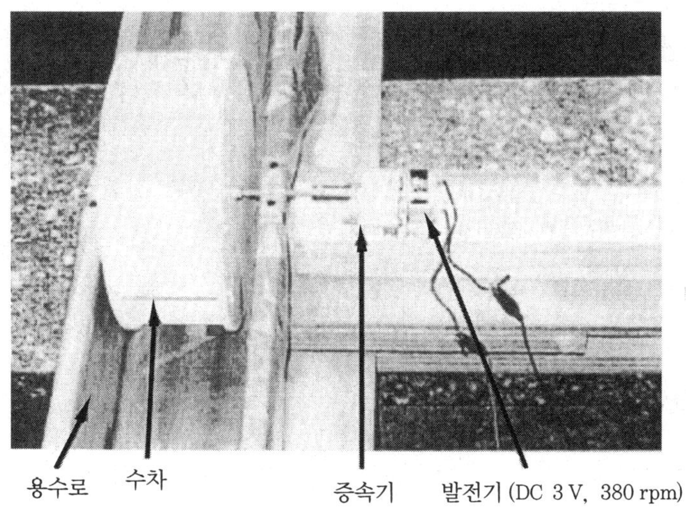

그림 7-19 **모의실험장치의 전체도**

③ 실험방법

그림 7-20은 시험제작한 모의장치를 사용하여 실험을 하는 경우의 발전특성 측정용 블록도이다.

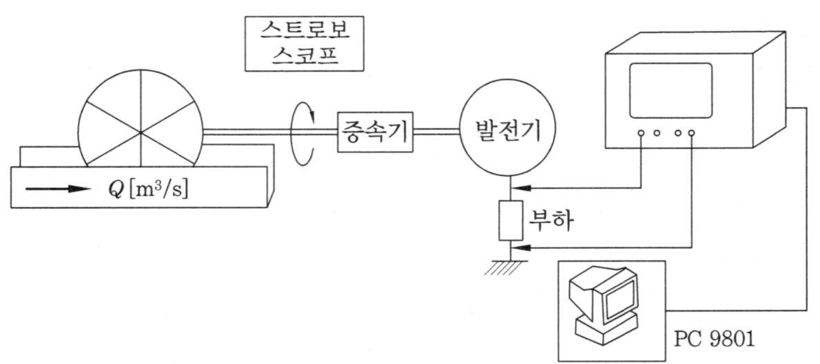

그림 7-20 **측정 블록도**

실험에서는 시작한 수차 외에 발전기에는 발전전압 3 V, 회전수 380 rpm의 직류 전동기가 사용되었다. 그리고 증속기에는 플라스틱으로 가공한 기어를 결합하였으며 증속비는 1 : 16이다 (증속비의 변경도 가능하도록 했다).

또 용수로의 유수는 수조용 압력펌프 3대를 이용하여 유량을 $0.5 \times 10^{-3}\,\mathrm{m}^3/\mathrm{s}$의 일정 값으로 유지하면서 실시했다. 수차의 회전수는 스트로보식 회전계를 사용하여 수차 쪽에서 측정하도록 했다.

발전전압 측정은 부하로 사용하는 저항의 양단 전압을 디지털 오실로스코프로 출력 파형과 함께 계측하고, 얻어진 데이터는 RS-232C를 거쳐 컴퓨터에 입력하여 데이터 처리 간소화를 도모했다.

(2) 발전기의 출력특성

용수로를 이용한 소수력 발전의 출력특성을 검토하는 경우 다음 방법으로 진행한다.

(a) 용수로 내에 설치한 보의 높이에 대한 발전특성

(b) 용수로의 수로 폭을 조정한 경우의 발전특성

(c) 수차의 블레이드 수에 대한 발전특성

① 용수로에 보를 설치한 경우

그림 7-21은 보의 높이를 높게 한 경우의 발전기 회전수(a)와 발전 전압(b)의 관계를 보인 것이다.

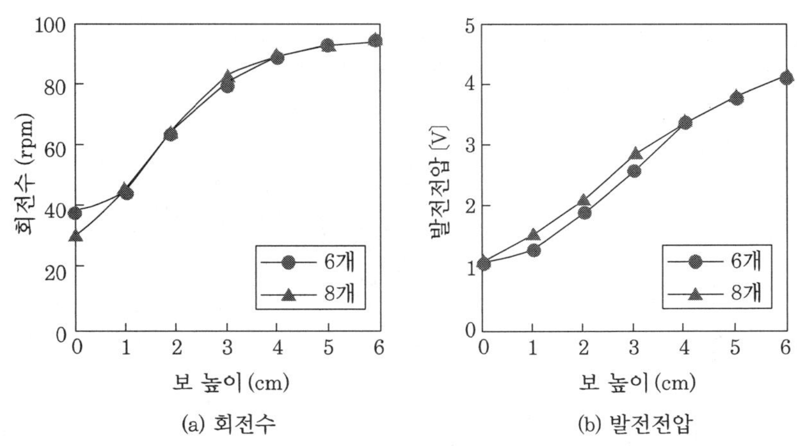

그림 7-21 **보 높이에 대한 회전수와 발전전압**

회전수는 보의 높이가 1~4 cm까지는 현저한 증가경향을 나타내지만 보의 높이가 5 cm에 이르면 증가세가 완만하게 된다.

발전전압도 마찬가지로 보의 높이에 비례하여 증가경향을 나타낸다. 보의 높이가 6 cm인 경우 보가 없을 때에 비하여 약 3.2배의 발전전압을 얻게 된다. 이와 같은 경향은 수차의 블레이드가 6개 및 8개인 경우에도 마찬가지이다.

② 수로 폭을 조정한 경우의 발전특성

다음에 용수로의 수로 폭을 조정함으로써 발전특성, 특히 출력전압이 상승하는지 검토하기 위해 용수로의 폭을 13 cm에서 9 cm로 좁혀 마찬가지 실험을 했다. 그림 7-22는 이미지도이다.

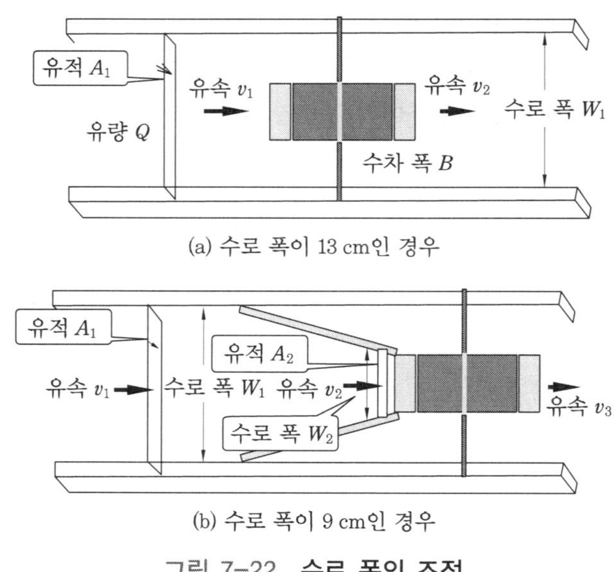

그림 7-22   **수로 폭의 조정**

실험에서는 수로 폭을 좁힌 경우의 효과를 쉽게 획득하기 위해 압력 펌프를 사용하여 유량을 $0.667 \times 10^{-3}\,\mathrm{m^3/s}$로 약 25 % 정도 높인 상태에서 실시했다. 수로 폭 13 cm와 9 cm에서 각 발전전압, 부하전류 및 발전출력의 실험 결과를 종합한 것이 표 7-1이다. 수로 폭을 좁힘으로써 조정 전에 비하여 발전출력이 약 2.6배 증가한 것을 볼 수 있었다.

표 7-1   **측정 결과**

수로 폭	발전전압 [V]	부하전류 [mA]	출력 [mW]
조정하지 않음	0.953	9.53	9.08
조정함	1.54	15.4	23.72

위의 결과로 유량이 거의 일정한 용수로의 유수를 이용한 소수력 발전시스템을 설치하는 경우는 보의 높이와 수로 폭 등을 조정함으로써 낮은 낙차와 적은 유량의 용수로에서도 발전할 수 있는 가능성이 높다는 것을 보여주고 있다.

제 8 장
소수력 발전시스템의 유지 · 관리

발전시스템이 늘 정상 운전을 이어가기 위해서는 일상적인 유지·관리가 무엇보다 중요하다. 이 장에서는 설치장소에 대한 점검항목으로, 한 달에 1회 정도의 점검이 필요한 쓰레기 퇴적상태와 마른 나뭇가지 등의 상태, 그리고 한 해에 적어도 1회 정도 수차와 발전기의 진동 등에 관한 점검, 혹은 전기설비에 대한 유지·관리 차원에서 발전기의 회전수와 발전전압 등 표준적인 점검방법에 관해서 기술하도록 하겠다.

8·1 설치장소의 유지·관리

소수력 발전을 유지·관리하는 경우 적어도 한 달에 1회 정도는 하천이나 용수로를 순회하면서 유목(流木)이나 잡초 혹은 생활쓰레기 등을 제거하는 작업이 필요하다(표 8-1 참조). 그리고 태풍이나 장마 등으로 발전시스템이 물에 잠긴 경우에는 특히 엄격한 점검이 필요하며 표에 계시하지 않은 항목, 예컨대 지류와 용수로의 유수속도 및 유량도 점검할 필요가 있다.

표 8-1 점검항목

	빈도	항목	점검포인트
일반 점검	1회/월	유목, 낙엽 등의 장해물	용수로, 쓰레기 방어책, 수차의 물받이
	1회/연	퇴사	언제의 토사 막힘, 수차의 물받이
		변위, 기움	수차의 수평위치, 받침의 기울기
	1회/6개월	이상음	수차, 발전기, 증속기
		진동	수차와 발전기에 균열, 나사의 이완, 오일 마름
	1회/6개월	조사	용수로와 지류 등의 유량, 지형의 변형, 토사 붕괴 등

8·2 용수로의 잡초와 쓰레기 처리방법

하천이나 용수로에 유목이나 잡초, 쓰레기 등이 유입한 경우 그것을 제거하는 작업은 대부분 사람의 손을 빌려야 했다. 그러나 중노동에 가까운 이 작업을 경감하는 동력원을 얻는 방법으로 전기방식과 수력방식의 제진기(除塵機)가 개발되어 점차 활용되고 있다. 여기서는 두 방식의 제진기에 대하여 그 특징과 구조에 대하여 간단하게 소개하겠다.

(a) 제진기의 모습

(b) 동력부분

(c) 긁어 올리는 부분

(d) 저류장

그림 8-1 **전기동력식 제진기의 겉모습**

그림 8-1 (a)는 전기방식에 의한 제진기의 모습이고 (b)는 동력부

분을 보여주고 있다. 전동기에 의한 동력을 감속기를 거쳐 판상의 레이키 구동기를 회전시킴으로써 고엽초나 쓰레기 등을 제진하는 구성이다. 이 방식은 발전전력을 이용할 수 있는 특징이 있는 반면, 발전용량이 작은 경우에는 계통에 공급을 해야 한다.

이 경우 전력회사로부터 전력용 전력을 공급받거나 혹은 계통과 연계하여 발전한 전력을 역조류(매전)하는 방법이 있다. 여기서 유의할 점은, 연계하는 경우에는 계통이 정지한 상태를 신속하게 검지하여 소수력 발전을 계통으로부터 분리시키는 단독운전 검출장치의 도입이 필요하다는 점이다.

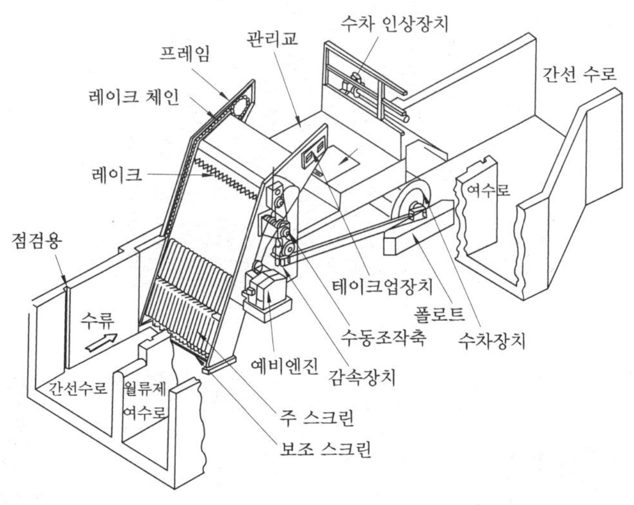

그림 8-2 **수력식 제진기의 구성도**

그림 8-2에 보인 일본 니시다철공(주)에서 만든 제진기는 수차를 이용하여 용수로의 유수를 회전에너지로 변환한 후 체인이나 감속기를 거쳐 판상의 레이크 구동기를 회전시킴으로써 레이크가 스크린 주위를 회전하여 고엽초나 쓰레기 등을 제거하는 구조이다.

그림 8-3(b)는 가동 중인 모습을 보인 것으로 레이크(rake : 쇠갈퀴)에 의해서 긁어 올려진 쓰레기 등을 제진기 상부에서 레이크가 반

전할 때 저류장(貯留場)으로 떨어뜨려 임시 수집장에 모은다. 그 이후는 역시 인력으로 처리장으로 운반된다.

　이 방식의 특징은 전력을 동력원으로 하는 경우에 비하여 유지관리의 수고와 비용 절감, 그리고 자연환경에 이바지하는 데 있다.

　그림 8-3(c)는 동력원인 수차의 모습인데, 그림 8-1에 보인 바와 같이 수차 양단에 플로트(float)를 설치하여 수면 위에서 지지하고 있으므로 용수로처럼 철따라 유수가 크게 변동하는 수위에 대하여 대응할 수 있는 구조이다.

(a) 제진기 외형

(b) 가동중

(c) 수차

그림 8-3　**가동 중인 제진기와 수차**

8·3　전기설비의 유지·관리

　발전시스템이 순조롭게 운전되고 있는가를 확인하기 위해 시스템 각 부분에 대해 점검한다. 수차에 대해서는 소리와 회전속도, 진동부분과 축의 어긋남 등을, 그리고 발전기에 관해서는 소리와 발전전압, 온도, 냄새 등에 관해서 점검한다. 직류 발전기의 경우는 브러시가 마모되었는지를 살피고, 정류자를 청소하며, 오일이 마르지 않았는지 확인한다.

　제어장치는 내부 스위치류와 배선 등의 절연성능과 배선끼리의 접촉에 이상이 없는지 점검한다. 또 계측 표시기의 동작확인과 청결상태, 고장 유무 등을 확인하고 보호계전기 등이 있는 경우는 동작시험도 필요하다.

　끝으로 발전시스템이 순서대로 동작하고 있는지 시험운전을 한다. 이때 각 계기류가 정상동작하는지 반드시 확인해야 한다.

찾아보기

소수력 발전 기술

2013년 1월 10일 인쇄
2013년 1월 15일 발행

저　자 : 과학나눔연구회 정해상
펴낸이 : 이정일

펴낸곳 : 도서출판 **일진사**
www.iljinsa.com
140-896 서울시 용산구 효창원로 64길 6
전화 : 704-1616 / 팩스 : 715-3536
등록 : 제1979-000009호 (1979.4.2)

값 14,000 원

ISBN : 978-89-429-1332-9